AF237481

Mathematik zum Lesen

Mathematik zum Lesen

Eigentlich ist Mathematik ja etwas ganz wunderbares.
Leider wird sie fast immer als Drohkulisse dargestellt,

von Ralf Neitzel

Bibliografische Information der Deutschen Nationalbibliothek:
Die Deutsche Nationalbibliothek verzeichnet diese Publikation
in der Deutschen Nationalbibliografie; detaillierte bibliografische
Daten sind im Internet über http://dnb.dnb.de abrufbar.

Mathematik zum Lesen
©2022 Ralf Neitzel

Herstellung und Verlag: BoD – Books on Demand, Norderstedt

ISBN   9 783753 492001

Inhaltsverzeichnis

Vorwort

Mein erstes Buch über Mathematik, "X^3 - ein Mathebuch, wie ich es mir schon immer gewünscht habe", hat mir viel Spaß gemacht zu schreiben. Genussvoll hatte ich Sachverhalte herausgesucht, die mir wertvoll genug erschienen, um mit mathematischen Werkzeugen zerlegt und bearbeitet zu werden. Oder bequem nur dargestellt zu werden. Einfach eine mathematische Brille aufsetzen und mit offenen Augen neugierig durch die Welt spazieren.

Nach der Fertigstellung dieses ersten Buches über Mathematik sind mir natürlich immer wieder neue Situationen und Sachverhalte ein- und aufgefallen, die mir interessant genug erschienen bzw. die es verdient hätten, in ähnlicher Form behandelt zu werden. Die Welt ist voll davon. Wenn der eigene Blick dafür erst einmal sozusagen geschärft ist, merkt man, dass da kein Ende in Sicht ist. Jeder, der Mathematik scheinbar noch so entfernte Sachverhalt, hat irgendwie doch seinen eigenen mathematischen Part.

Und da auch dieses Buch zunächst einmal Spaß machen soll beim lesen, habe ich mal wieder einiges zusammengetragen und versucht, dieses mathematisch zu sezieren mit dem Ziel, diese Mathematik *verstehbar* darzustellen. Das, was meines Erachtens immer wieder vernachlässigt wird.

Zum Teil, ja das muss ich hier ehrlich zugeben, war es nicht leicht, die zu den jeweiligen Sachverhalten gehörige Mathematik, also zu den aufgestellten Gleichungen mit all ihren Unbekannten, eine passende Lösung zu finden. Noch schwieriger, und da sind wir beim Kern der Sache, war es, die richtigen Gleichungen, also die der Lösung eines Sachverhaltes dienlichen Ansätze überhaupt erst zu finden. Zu wissen, welches Werkzeug das richtige ist. Das wird viel zu selten geübt, aber genau das ist meines Erachtens ein wesentlicher Teil der Mathematik. Denn Mathematik sollte gerade nicht Selbstzweck sein!

Ist auch dieses Buch für jeden?

Ja, ganz sicher, wie beim ersten Buch. Jeder kann es lesen. Jeder kann darin herumblättern oder sich mit den einzelnen Kapiteln auseinandersetzen. Ganz zwanglos und ohne drohenden Zeigefinger. Das einzige, was auch in diesem Buch hilft, ist der gesunde Menschenverstand, mehr braucht man nicht. Denn, im Gegensatz zu Büchern wie z.B. über Psychologie oder Politik müssen wir hier nicht im trüben fischen.

Mathematik ist, jaaa ich weiß, nicht immer, aber meistens doch glasklar und logisch. Die Dinge sind lupenrein und eindeutig, das ist ein Riesenvorteil. Immanuel Kants Aufforderung "Habe den Mut, dich deines eigenen Verstandes zu bedienen" passt da haargenau

Und, wer keine Zeit hat, dieses Buch zu lesen, hat in Wirklichkeit keine Lust dazu. Das ist völlig in Ordnung. Um Himmels Willen, jeder soll das tun, was er will. Aber wenn man keine Lust hat, etwas zu tun, soll man auch sagen, dass man keine Lust hat dazu. Das ist besser, als wenn man herumdruckst und sagt, man hätte keine Zeit.

Nicht zu vergessen, gilt auch für dieses Buch, was für jedes geschriebene Wort gilt. Man sollte grundsätzlich alles anzweifeln. Mit einer gesunden Portion Skepsis ist auch dieses Buch zu lesen. Unbedingt. Übrigens eine sehr mathematische Art, an etwas heranzugehen. Und zu guter Letzt - in diesem Buch - auch nicht immer alles so verbissen sehen.

Der Heizöltank ist halb leer

Das darf man eigentlich niemandem erzählen. Selbst in Zeiten, wo man per App über das Internet von sonst wo auf der Welt Raumtemperaturen, Füllstände, Kühlschrankinhalte und ähnliche Dinge promillegenau überwachen kann, gibt es noch diese ewig gestrigen Strategen, die den Füllstand im eigenen im Erdreich tief eingebuddelten Heizöltank mit Schnur und Eisengewicht messen.

Da wird also tatsächlich so eine dünne Schnur genommen, am besten eine aus saugfähigem Hanf, irgend so eine dicke M12er Mutter dran geknotet (die ist schön schwer und passt gut durch den Entlüftungsstutzen) und dann wird dieses Lot Stück für Stück vorsichtig in die dunklen Tiefen des heimischen Öltanks versenkt. Man spürt richtig, wann diese Mutter unten den Boden berührt. Dann zieht man das ganze langsam wieder hoch und kann so in etwa mit dem Zollstock die Höhe des Heizölfüllstandes an der nassen Schnur messen.

Und dann?

Nun, wenn man keine Peiltabelle hat, dann wird es schwierig ....

Na ja, wir müssten wenigstens wissen, dass es sich dabei um einen liegenden runden Heizöltank mit einem Durchmesser von sagen wir mal 160 cm und einer zylindrischen Länge von vielleicht 5 m handelt. Und wenn wir dann bei der Messung feststellen, dass der Füllstand bei 80 cm liegt, dann ist der Tank halb voll. Großartig, und das in einem Buch über Mathematik. Aber keine Sorge, das Niveau steigt hier noch an. Zwar langsam, aber stetig.

Was passiert eigentlich, wenn der Tank einen Innendurchmesser von 174 cm hat, eine Länge von 430 cm und die Schnur so ca. 60 cm mit Heizöl belegt ist, nachdem wir diese in altmodischer Manier in den Heizöltank gehalten haben? Reicht das denn wenigstens noch für den nächsten Winter? Wie viel Liter sind da jetzt noch drin ist die eigentliche Frage. Und wie immer, Schweigen macht sich breit. Eine genauere Angabe in Liter wäre ja auch - mal wieder, wie so oft - nicht jedermanns Sache.

Damit wir anfangen, uns mal eine konkrete Vorstellung vom Sachverhalt zu machen, hilft natürlich mal wieder eine einfache Skizze.

Zunächst der Heizöltank im Schnitt gesehen mit noch einer bestimmten Menge Heizöl drin und unserer Schnur-Füllstands-Messung:

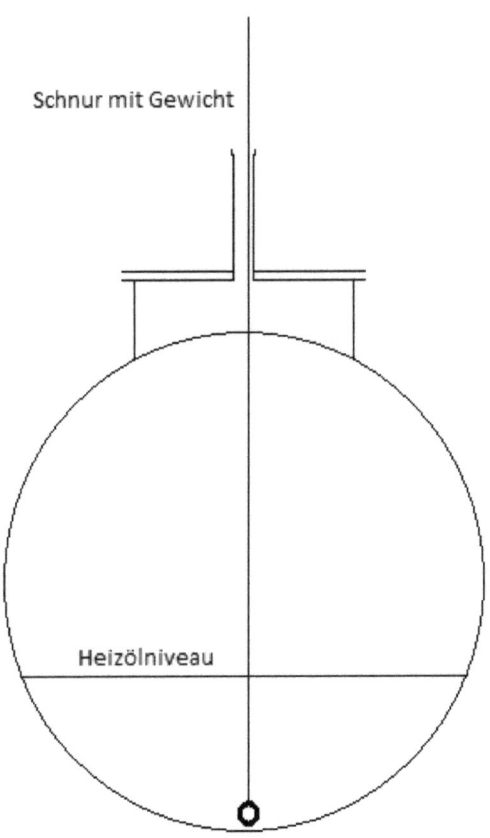

Und, nachdem wir alle unwichtigen Sachen da rausgeschnitten haben, sieht unser völlig nackter Heizöltank inkl. Heizöl nur noch so aus:

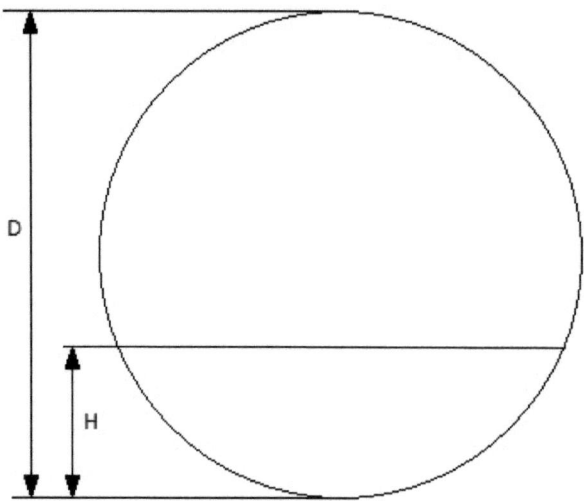

Mit dem Tankdurchmesser D und der Füllhöhe H. Bis hier hin also noch nichts Dramatisches.

Knackpunkt des mathematischen Denkens ist ja nicht das, was wir früher im Mathematikunterricht sinnlos nachplappern mussten.

Auch hier reicht es nicht, auf die waagerechte Linie vom Heizölniveau zu starren, langsam in Lethargie zu verfallen und darauf zu warten, dass sich die richtige Formel hier so ganz von alleine auf dem Papier breit macht. Nein, hier müssen wir kreativ werden. Hier müssen wir uns selbst einen Lösungsweg erarbeiten. Das ist der Knackpunkt.

Im ersten Buch haben wir diese sperrigen Dreiecke mit all ihren schiefen Winkeln mehr oder weniger verteufelt, obwohl natürlich auch da einige Lektionen nicht ohne diese eigentlich doch recht hilfreichen Konstrukte auskamen. Müssen wir auch hier...? Ja. Wir müssen. Und das könnte vielleicht so aussehen:

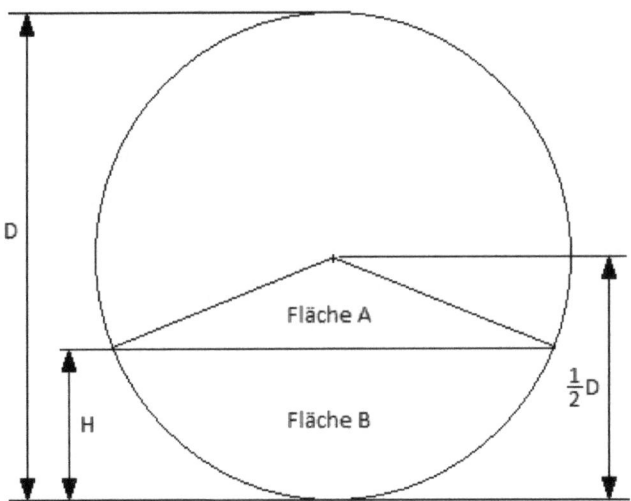

Also auf das Heizölniveau setzen wir jetzt noch so ein Dreieck drauf mit der einen Spitze im Mittelpunkt des Kreises.

Und jeder, der keine Gasheizung zu Hause hat, kommt auch gar nicht drum herum. Aber welches ist denn nun die Überlegung, die uns hier weiterhilft? Wozu überhaupt dieses komische Dreieck? Irgendwie müssen wir die Fläche von diesem Kreissegment, auch Kreisabschnitt genannt, ausrechnen. Hier in der Skizze ist das die Fläche "B". Sozusagen die Heizölfläche.

Wenn man eine Sache nicht kennt, aber die Summe von zwei Dingen kennt und auch gleichzeitig eine dieser beiden Dinge, die man da addieren will, kennt, dann geht das. Wir können nämlich erstens die Fläche von diesem Dreieck berechnen, also die Fläche "A", denn wir haben einige Angaben von diesem Dreieck - dazu gleich mehr.

Und zweitens, wir können die Fläche von "A" und "B" zusammen berechnen. Diese Fläche von "A" und "B" zusammen ist ein sogenanntes Tortenstück. Zugegeben, diesmal ein unverschämt großes Tortenstück, aber immerhin ein Tortenstück, dessen Fläche sich mathematisch ermitteln lässt.

Unser Ziel ist es, das eben gesagte, also die Formel

Fläche "B" = Tortenstück - Fläche "A"

so mit Inhalten zu füllen, dass wir Fläche "B" ausrechnen können.

Fangen wir also mit dem Tortenstück an. Was haben wir für Werte? Den Durchmesser vom Tank, den brauchen wir. Ohne den Durchmesser können wir hier nichts machen, aber den haben wir ja auch. Hier vorsichtshalber noch mal das skizzierte Tortenstück

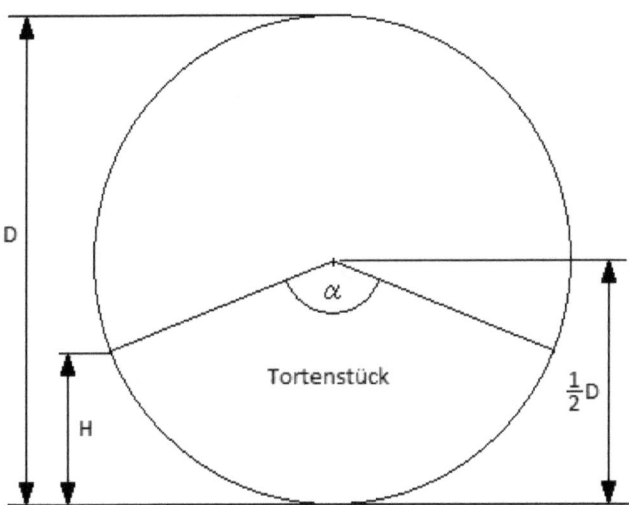

Und was benötigen wir noch? Richtig, den Winkel α. Wie groß ist der Winkel α? Schon wieder Ratlosigkeit, weil wir auch hier ohne Dreiecksgebastel nicht weiterkommen. Nimmt das denn nie ein Ende?

Wir machen aus diesem sperrigen schiefwinkeligen Dreieck aus der vorletzten Skizze dadurch, dass wir es halbieren, einfach mal ein Dreieck mit einem rechten Winkel:

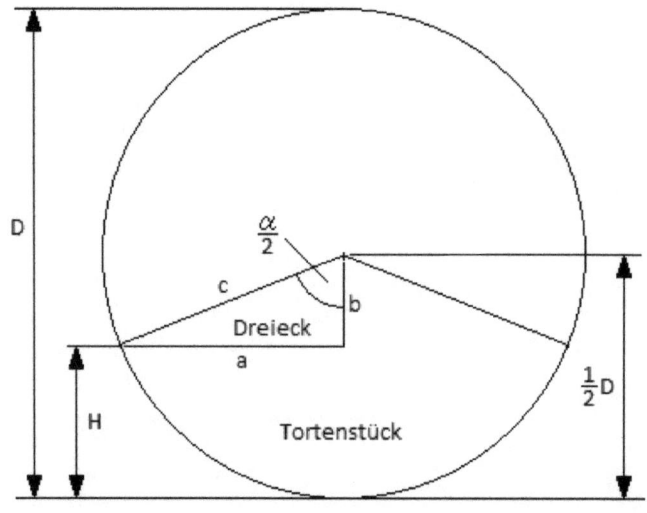

Damit kommen wir endlich ein Stück weiter. Dann können wir nämlich mit ein wenig Trigonometrie etwas erreichen

Das Wort Trigonometrie klingt beängstigend, ist es aber nicht. Trigonometrie kommt aus dem Griechischen und bedeutet so viel wie Dreieck und Maß. Na ja, eigentlich sind es eher Zusammenhänge, die da beschrieben werden.

Was für Zusammenhänge?

Beispielsweise so simple Dinge wie

$\sin \alpha$ = Gegenkathete / Hypotenuse

$\cos \alpha$ = Ankathete / Hypotenuse

und

$\tan \alpha$ = Gegenkathete / Ankathete

Gegenkathete, Ankathete und Hypotenuse sind die drei Seiten im rechtwinkligem Dreieck. Auf unser Dreieck hier umgeschrieben:

$\sin \alpha/2$ = a / c

$\cos \alpha/2$ = b / c

und

$\tan \alpha/2$ = a / b

Im Prinzip sind das 3 Gleichungen, die zeigen, wie sich die Zusammenhänge in einem rechtwinkligem Dreieck darstellen. Und zwar je nach dem, wie sich welche Geraden im Dreieck verhalten, ergibt sich daraus immer ein ganz bestimmter Winkel. Jetzt müssen wir "nur noch" nachsehen, welche Angaben wir schon kennen und was wir berechnen wollen um zu wissen, welche der drei Formeln wir benutzen können.

Was ist bekannt aus dem kleinen Dreieck?

Die Seite c und die Seite b, weil die Seite c der halbe Durchmesser des Behälters ist, mathematisch gesehen ist das der Radius, und b ist soviel wie der halbe Durchmesser oder eben dieser Radius minus das Stück ölverschmierter Schnur, also der gemessene Heizölfüllstand.

Die Seiten b und c kommen im sogenannten Cosinus vor:

$$\cos \alpha/2 \;=\; b\,/\,c$$

und, mit den bekannten Größen aus unserem Heizöltank sieht die Gleichung dann so aus:

$$\cos \alpha/2 \;=\; (1/2\,D - H)\,/\,(1/2\,D)$$

Wenn wir das ganze schön übersichtlich übereinanderstellen, dann sieht das gleich viel besser aus:

$$\cos \alpha/2 \; = \; \frac{D/2 - H}{D/2}$$

Und um den Winkel α nun tatsächlich ausrechnen zu wollen, müssten wir notieren

$$\alpha/2 \; = \; \arccos \frac{D/2 - H}{D/2}$$

bzw.

$$\alpha \; = \; 2 \cdot \arccos \frac{D/2 - H}{D/2}$$

oder statt arc cos könnten wir auch $\cos^{-1}$ schreiben. Ist zwar mathematisch gesehen nicht ganz richtig, steht aber so auf vielen Taschenrechnertastaturen drauf. Damit hätten wir zumindest schon mal den Winkel.

Und die Fläche vom Tortenstück? Wenn wir die ganze Torte nehmen, berechnet sich die Fläche der Torte über die ganz normale Formel zur Berechnung der Kreisfläche:

$$\text{Tortenfläche} \; = \; D^2 \cdot \pi / 4$$

Die Torte ist dann "ganz", wenn der Winkel $\alpha = 360°$ hat. Und "halb", wenn der Winkel $\alpha = 180°$ hat. Und die Torte ist dann nur noch ein Viertel so groß, wenn der Winkel $\alpha = 90°$ hat.

Wiederholungsfehler wirken sich im Sprachunterricht verhängnisvoll aus, in der Mathematik gibt es keine Wiederholungsfehler. In der Mathematik können wir mit Wiederholungen wunderbar verdeutlichen.

D.h. also, die Fläche vom Tortenstück ist in Abhängigkeit vom Winkel α dann nur noch so und so groß:

Tortenfläche $= \alpha / 360° \cdot D^2 \cdot \pi / 4$

Wenn wir die obige Formulierung für den Winkel α hier einsetzen, dann sieht das ganze so aus:

$$\text{Tortenfläche} = 2 \cdot \arccos \frac{D/2 - H}{D/2} \ / \ 360° \cdot D^2 \cdot \pi / 4$$

Die Tortenfläche hätten wir also schon mal.

Jetzt kommt noch dieses Dreieck, das wir zu Anfang auf das Heizölniveau drauf gesetzt hatten. Die Fläche "A" in der dritten Skizze.

Wie wird die Fläche im rechtwinkeligem Dreieck berechnet? Ganz einfach, Ankathete mal Gegenkathete geteilt durch zwei. Da wir ja sowieso schon aus diesem schiefwinkeligem Dreieck durch Halbieren ein rechtwinkeliges gemacht hatten, brauchen wir jetzt ja nur noch die beiden Katheten, hier also a und b miteinander malnehmen, durch zwei teilen und dann wieder mit zwei malnehmen, da das rechtwinkelige Dreieck ja nur noch halb so groß ist wie das schiefwinkelige. Jaaa, das muss man zwei mal lesen.

Mathematisch steril sieht das dann so aus:

Fläche "A" = 2 · a · b / 2

und zusammengekürzt dann nur noch

Fläche "A" = a · b

fertig.

Fertig?

Ja, zwar fertig, aber irgendwie doch noch nicht fertig. Weil so noch nicht richtig zu gebrauchen.

Wir haben die Gegenkathete a noch gar nicht. Die Ankathete b hatten wir weiter oben schon mit bekannten Größen beschrieben:

b = (D/2 - H)

Aber a verdammt noch mal... Im Grunde gibt es sogar mehrere Möglichkeiten, a zu beschreiben. Aber da Mathematik entgegen der landläufigen Ansicht das Leben leichter machen soll und nicht schwerer, nehmen wir natürlich den einfachsten Weg.

In der Formulierung

$\sin \alpha/2 = a / c$

steckt ja das a drin.

Jetzt können wir für a lässig schreiben

$a = c \cdot \sin \alpha/2$

Die Tragik dieser Formulierung, jetzt haben wir uns schon wieder etwas neues eingefangen. Den Winkel α. Oder eben den Winkel $\alpha/2$.

Den Teufel mit dem Beelzebub auszutreiben hilft auch hier nur bedingt weiter. Was gibt es noch für Alternativen?

Ach ja, der gute alte Pythagoras. Aus

$$c^2 = a^2 + b^2$$

machen wir

$$a^2 = c^2 - b^2$$

und da

$$b = (D/2 - H)$$

und

$$c = D/2$$

ist, ist auch

$$a^2 = (D/2)^2 - (D/2 - H)^2$$

und umgestellt

$$a = \sqrt{(D/2)^2 - (D/2 - H)^2}$$

So, jetzt haben wir endlich alles:

$$\text{Tortenstück} = 2 \arccos \frac{D/2 - H}{D/2} \; / \; 360° \cdot D^2 \cdot \pi / 4$$

und

$$\text{Fläche "A"} = \sqrt{(D/2)^2 - (D/2 - H)^2} \; \cdot (D/2 - H)$$

Und wer sich jetzt das daraus resultierende Formelmonstrum betrachtet, der wünscht sich sein Kaminofen zurück. Was wir hier kreiert haben, passt nicht mehr komplett in eine Zeile. Aus

$$\text{Fläche "B"} = \text{Tortenstück} - \text{Fläche "A"}$$

machen wir einfach durch einsetzen folgendes:

$$\text{Fläche "B"} = 2 \arccos \frac{D/2 - H}{D/2} \; / \; 360° \cdot D^2 \cdot \pi / 4$$

$$- \sqrt{(D/2)^2 - (D/2 - H)^2} \; \cdot (D/2 - H)$$

der zweite Teil ist etwas unschön in die nächste Zeile gerückt. So weit sind wir schon mit unseren Vereinfachungen.

Und jetzt? Was wollen wir eigentlich? Nach dieser furchtbaren Verkomplizierung können wir aber ermitteln, wie viel - prozentual gesehen - noch im Tank an Heizöl drin ist. Und das kommt jetzt.

Die mit dem obigen Monstrum errechnete Fläche "B", also dieses Kreissegment bzw. Kreisabschnitt, steht im gleichen Verhältnis zu der Gesamtquerschnittsfläche wie die tatsächlich noch vorhandene Heizölmenge im Tank zum Gesamtfassungsvermögen. Das ist alles.

Mathematisch gesehen sieht das ganze dann so aus:

$$\frac{\text{Fläche "B"}}{\text{Gesamtfläche}} = \frac{\text{momentane Heizölmenge}}{\text{Gesamtfassungsvermögen}}$$

Das Gesamtfassungsvermögen ist ja normalerweise auch bekannt. So, jetzt noch ein Tick mathematischer:

$$\frac{\text{Fläche "B"}}{D^2 \cdot \pi / 4} = \frac{\text{momentane Heizölmenge}}{\text{Gesamtfassungsvermögen}}$$

27

und das stellen wir noch mal eben kurz um:

$$\frac{\text{Fläche "B"} \cdot \text{Gesamtfassungsvermögen}}{D^2 \cdot \pi / 4} = \text{momentane Heizölmenge}$$

Das ist sie also. Die Formel zur Berechnung der Heizölmenge. Endlich fertig. Auch hier fällt das Schlusswort der Lektion wie üblich aus, nämlich dass wir einen ganz schönen Ausflug gemacht haben. Mühselig und kompliziert, aber am Ende sind wir doch am Ziel angekommen.

Halt!

Wir haben da was vergessen. Was ist eigentlich, wenn der Füllstand über der Hälfte liegt? Also wenn der Behälter sagen wir mal zu 3/4 voll ist? Gelten unsere Formeln dann auch noch?

Auch da basteln wir uns erst mal ein paar Bilder zurecht, womit wir die Sachverhalte sichtbar machen, also erfassbar für unser Gehirn.

Erstmal natürlich der nackte Tank nur mit dem Heizölfüllstand oberhalb der Mitte, also ungefähr 3/4 voll:

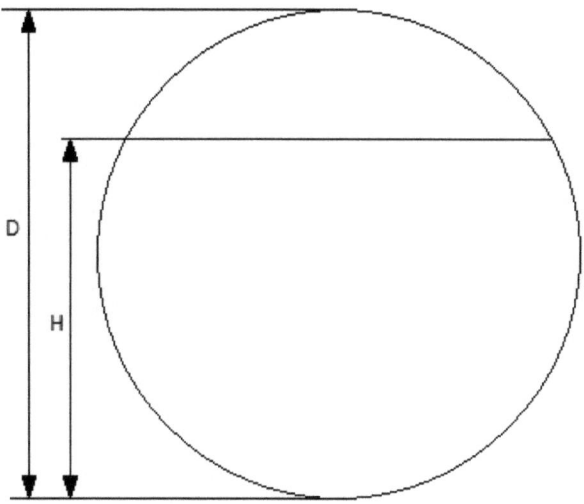

Was hilft jetzt weiter? Irgendwelche Tortenstücke und Dreiecke vielleicht? Im Prinzip müssten wir genau so vorgehen wie vorhin, als der Füllstand recht niedrig war. Da hatten wir ja tatsächlich den Füllstand in zwei besser greifbare Stücke zerlegt. Wir müssen daher versuchen, diese Heizölfläche wieder in berechenbare Stücke aufzuteilen. Stücke, die sich auch wieder mit einfachen Formeln aus dem Bereich der Geometrie erfassen lassen.

Das machen wir hier auch, dann müsste das so aussehen:

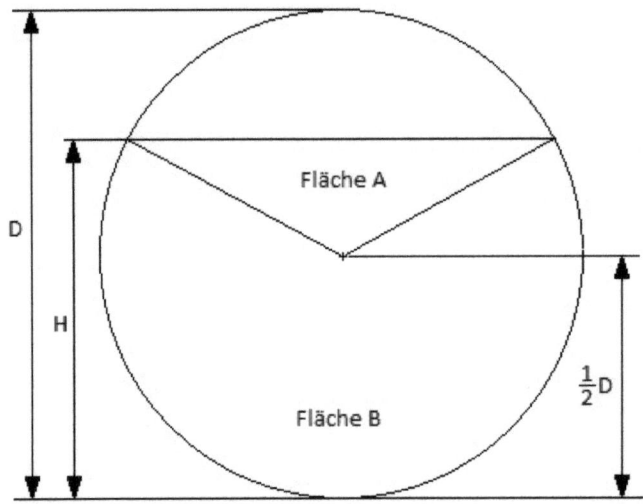

Das sieht zwar irgendwie komisch aus, ist aber genau das, was wir brauchen. Wir haben zwei Teilstücke der Fläche, die wir einzeln ausrechnen können. Und wo ist der Unterschied zum ersten Schritt? Da hatten wir aus dem Füllstand, also mathematisch gesehen von diesem Kreissegment einfach ein Tortenstück minus einem Dreieck gemacht. Wir hatten das Dreieck vom Tortenstück subtrahiert.

Und jetzt?

Das schöne ist, der Vergleich beider Grafiken zeigt, was wir jeweils tun müssen. Auch hier müssen wir die Fläche vom Tortenstück und vom Dreieck ausrechnen. Aber, anders als vorhin, müssen wir hier beide addieren. Das wäre alles. Also hier nochmal zur Abschreckung die entsprechende Formel für den Fall, dass der Heizöltank noch ziemlich voll ist:

Heizölfläche = Fläche "A" + Fläche "B"

bzw. wenn wir in unserem Sprachgebrauch bleiben wollen:

Heizölfläche = Fläche "A" + Tortenstück

Und da Wiederholungen wie auch im Fernsehen nur dann Sinn machen, wenn wir das Vorangegangene komplett vergessen haben, wollen wir hier nicht alles wieder langatmig wiederholen, sondern nur das, was anders ist und dann das Resultat daraus auflisten. Etwas anders ist zunächst die Dreiecksfläche "A", weil wir nicht wie oben schreiben können

$b = (D/2 - H)$

sondern

$b = (H - D/2)$

schreiben müssen

und dadurch wird

$$\text{Fläche "A"} = \sqrt{(D/2)^2 - (H - D/2)^2} \cdot (H - D/2)$$

und

$$\text{Tortenstück} = 360° - 2 \cdot \arccos \frac{H - D/2}{D/2} \; / \; 360° \cdot D^2 \cdot \pi / 4$$

und damit letztendlich

$$\text{Heizölfläche} = 360° - 2 \cdot \arccos \frac{H - D/2}{D/2} \; / \; 360° \cdot D^2 \cdot \pi / 4$$

$$- \sqrt{(D/2)^2 - (H - D/2)^2} \cdot (H - D/2)$$

und damit auch wieder

$$\frac{\text{Heizölfläche} \cdot \text{Gesamtfassungsvermögen}}{D^2 \cdot \pi / 4} = \text{moment. Heizölmenge}$$

Gewiss, der vorangegangene Weg war mal wieder mühsam. Es hat sich gezeigt, dass wir bei der Berechnung von Abschnitten aus einer Kreisfläche - mehr haben wir hier gar nicht gemacht - umständliche Wege gehen mussten.

Aber ein wichtiger Sachverhalt ist hier deutlich geworden: Ein zunächst schwer fassbares "Problem" verliert seinen Schrecken, wenn wir es in kleinere Häppchen zerlegen, nämlich in diesem Fall die Aufteilung der Flächen in Dreiecke und Tortenstücke. Diese lassen sich dann wiederum mit einer überschaubaren Anzahl an mathematischen Werkzeugen ermitteln.

Vielleicht hat jemand noch eine Idee, wie wir vorgehen müssten, wenn der liegende zylindrische Behälter an den Stirnseiten nicht etwa platte Böden hat wie bei einer Konservendose sondern, was üblicher ist, sogenannte Klöpperböden hat...

Wer die Geometrie begreift, vermag in dieser Welt alles zu verstehen.
Galileo Galilei

Die zweite Lektion

Wie breitet sich eine Epidemie aus?

Bei einer Epidemie sind die Verhältnisse ähnlich wie die mit Reiskörnern auf einem Schachbrett. Mathematisch gesehen natürlich. Wer sich an das Kapitel aus dem ersten Buch erinnert, nämlich das mit dem König, dem Schachspiel und die vielen Reiskörner, der weiß Bescheid. Auch hier geht es wieder um die Unfähigkeit des menschlichen Geistes, exponentiell zu denken und nicht immer nur linear.

Und, wie nicht anders zu erwarten, sind wir hier auch nicht die ersten, die sich mit diesem Thema auseinandergesetzt haben bzw. sich noch auseinander setzen werden. Gerade in der heutigen Zeit schießen sowohl mathematische Erklärungen als auch die sonstigen dramatischen Alarmmeldungen wie Pilze aus dem Boden.

Jedoch, beim betrachten dieser ganzen Epidemie-Darstellungen können wir feststellen, entweder ist da so gut wie gar keine Mathematik dabei, dafür um so mehr angsteinflößende Begriffe wie "extrem hoch" und "rasend schnell", oder die entsprechenden Differentialgleichungen stehen schon fix und fertig aufgereiht da. Völlig steril, und - wie immer - mit der bitteren Konsequenz, dass da nur die absoluten Experten durchblicken. Nun ja, das ist ja immer die Grätsche, in der wir mit diesem Buch springen.

Wie könnte für uns so eine mathematische Betrachtung aussehen?

Wenn in einem Land, das 83 Millionen Einwohner hat, plötzlich 100 Kranke auftauchen und jeder von diesen Kranken an einem Tag mit - nehmen wir mal an - 8 gesunden Menschen in Kontakt kommt und bei jedem Kontakt die Wahrscheinlichkeit, diesen Menschen anzustecken, bei 50% liegt, dann kämen am Ende des ersten Tages 100 Kranke mal genommen mit 8 Kontakten und mal genommen mit 0,5 (weil 50% Ansteckwahrscheinlichkeit), ganze 400 neu erkrankte Menschen dazu. Zusammen mit den 100, die schon vorher krank waren, macht das insgesamt 500 Kranke. Nach nur einem Tag. Und am Ende des zweiten Tages hätten wir diese 500 und nochmal 500 mal 8 mal 0,5, also 2.000 Kranke dazu, also insgesamt 2.500 Kranke. Und am Ende des dritten Tages kämen nochmal 12.500 Kranke dazu! Wir sehen, die Zahl der angesteckten Fälle wächst wirklich rasend schnell.

Und wer nun glaubt erraten zu können, wie die Zahlen für den vierten Tag aussehen, der irrt. Übrigens die Ergebnisse für die Tage davor sind, wenn wir es ganz genau nehmen, auch falsch. Warum? Weil wir vergessen haben, dass die Kranken ja nicht ständig nur auf Gesunde stoßen und diese anstecken.

Irgendwann, wenn es genügend Kranke gibt, kommt es vermehrt zu Kontakten von Kranken mit Kranken und irgendwann auch noch mit Genesenen. Bei solchen Kontakten gibt es keine Ansteckung mehr, da passiert gar nichts. D.h. die Anzahl an Ansteckungen pro Kranken und Tag sinkt.

Hinzu kommt noch die Erschwernis, wie lange sind die Kranken krank? Wenn die Kranken nur einen Tag krank wären, würden sie bestimmt weniger Gesunde anstecken als wenn sie einen ganzen Monat lang krank herumlaufen.

Alles schwierige Fragen, die uns die Hoffnung auf eine einfache Mathematik verderben. Jedoch, wäre die Wirklichkeit nicht so schön kompliziert, gäbe es wahrscheinlich auch kaum mehr als die vier Grundrechenarten. Und einige interessante Bücher weniger.

Wir können also feststellen, die Lage ist nicht so einfach, wie wir sie gerne hätten. Wir versuchen mal einen anderen Weg. Die Briten Anderson Gray McKendrick und William Ogilvy Kermack hatten für die Berechnung von Epidemien schon so um 1930 herum ein sogenanntes SIR-Modell ausgearbeitet. Das wollen wir uns hier mal näher ansehen.

Die Buchstaben S, I und R in der Bezeichnung dieses Modells haben folgende Bedeutung:

S (Susceptible) ist die Anzahl an gesunden Menschen, also solche, die von bereits Infizierten Menschen angesteckt werden können.

I (Infectious) ist die Anzahl an infizierten Menschen. Das sind also die Kranken, die das Virus in sich tragen, herumlaufen und andere, die noch nicht krank sind, anstecken können.

R (Removed) ist die Anzahl an genesenen Menschen. Also solche, die die Krankheit überlebt haben und nun immun dagegen sind. Diese Gruppe steckt auch niemandem mehr an. Sozusagen eine passive Menge. Zu dieser Gruppe könnte man theoretisch auch die Verstorbenen hinzuzählen.

Mit dieser allgemeinen Definition machen wir uns jetzt auf den Weg, die mathematischen Zusammenhänge einer Epidemie zu verstehen. Natürlich müssen wir auch hier - mal wieder - ein paar Vereinfachungen machen. Da wäre zunächst die Gesamtzahl an Menschen, die setzen wir mal als konstant an. Es werden keine neuen Menschen geboren und es sterben auch keine Menschen eines natürlichen Todes oder im Straßenverkehr. Aus- und Einwanderungen finden nicht statt. Des Weiteren gilt, wer einmal angesteckt wurde und wieder genesen ist, kann kein zweites mal angesteckt werden und steckt auch keine weiteren

Menschen mehr an, ist aber weiterhin Bestandteil der Bevölkerung.

Wenn nun die gesamte Anzahl an Menschen N sein soll und sich aus den Gesunden, den Infizierten und den Genesenen zusammensetzt, dann sieht obige Aussage mathematisch so aus:

$$N = S + I + R$$

Die gesamte Anzahl an Menschen ist also die Summe aus den Gesunden, den Infizierten und den Genesenen und bleibt immer gleich. Die große Frage ist jetzt, wie ändern sich diese Zahlen dazwischen. Also beispielsweise wie viel Kranke gibt es nach drei Wochen.

Wie weiter oben schon angedeutet, haben wir es hier leider nicht mit etwas gleichmäßig ablaufendem zu tun. Wir haben hier vor uns drei verschiedene Gruppen, dessen Größen sich in verschiedenen Abhängigkeiten voneinander verändern.

Wir wollen mal versuchen, der Sache dadurch auf die Schliche zu kommen, in dem wir den vorhin definierten Anfangszeitpunkt uns nochmal vor Augen führen. Diesmal auch die Kranken und die Genesenen dazu betrachten, mit lediglich einem Kranken anfangen, die Kranken im Schnitt zwei Wochen lang krank herumlaufen und es am ersten Tag natürlich noch keinen einzigen Genesenen gibt.

Früh morgens am ersten Tag sieht die Lage dann so aus:

Anzahl der Kranken = 1

Anzahl der Gesunden = Gesamtanzahl - Kranke - Genesene

Anzahl der Gesunden = 83.000.000 - 1 - 0

Anzahl der Gesunden = 82.999.999

Anzahl der Genesenen = 0

Und jetzt, unter Zuhilfenahme der für die jeweilige Gruppe stellvertretenden Buchstaben, etwas mathematischer formuliert:

$I = 1$

$S = N - I - R$

$S = 83.000.000 - 1 - 0$

$S = 82.999.999$

$R = 0$

Wenn wir obige Kontakt- und Ansteckungswahrscheinlichkeit weiterhin hier nutzen (8 Kontakte pro Tag mit 50% Wahrscheinlichkeit einer Ansteckung), dann hätten wir am Ende des ersten Tages folgende Situation:

$I = 1 + 1 \cdot 8 \cdot 0{,}5$

$I = 5$

$S = N - I - R$

$S = 83.000.000 - 5 - 0$

$S = 82.999.995$

$R = 0$

Wenn die Krankheit 2 Wochen dauert, bis man genesen ist, dann haben wir nach dem ersten Tag noch keine Genesenen, daher ist $R = 0$. Wie sieht die Situation am Ende des zweiten Tages aus?

$I = 5 + 5 \cdot 8 \cdot 0{,}5$

$I = 25$

$S = N - I - R$

$S = 83.000.000 - 25 - 0$

$S = 82.999.975$

$R = 0$

Und, statt am dritten Tag wieder alles zu notieren inkl. der neu Infizierten, versuchen wir mal das Ganze etwas abstrakter, sozusagen übergeordneter darzustellen. Wie schon mehrfach zitiert und oft genug ignoriert, ein wesentlicher Teil der Mathematik ist es, aus einem verbalen Zusammenhang die entsprechenden Formeln aufzustellen.

Dazu bedienen wir uns - ja, das muss leider sein - einer gewissen mathematischen Schreibweise, die vielleicht bei dem einen oder anderen erst mal für Verwirrung sorgt. Jedoch, Zweck dieser Schreibweise ist es, gerade nicht zu verwirren, sondern einfach darzustellen, dass hier Werte voneinander Anhängig sind, auch wenn man die Abhängigkeit selbst noch gar nicht kennt. Also nochmal zur Erinnerung, die jeweilige Anzahl an Personen haben wir verkürzt mit S, I, R und N dargestellt.

Die Buchstaben für die oben schon genannten Gruppen stehen immer nur für einen bestimmten Zeitpunkt. Denn die jeweiligen Mengen verändern sich ja jeden Tag.

Daher schreiben wir für die Anzahl an Kranken anstatt

$$I = 5 + 5 \cdot 8 \cdot 0,5$$

besser wie folgt

$$I(t) = 5 + 5 \cdot 8 \cdot 0,5$$

Gesprochen wird das "I von t", und das meint die Anzahl an Kranken I in Abhängigkeit von der Zeit t. Das muss übrigens nicht immer die Zeit sein. Das kann auch eine Temperatur, eine Länge oder sonst was sein, wovon die Größe vor der Klammer abhängig ist. In unserem Falle ist es die Zeit t, daher das t in der

Klammer und zwar diesmal in Form von Tagen. Wir könnten auch beispielsweise schreiben

$I(t_{17})$ oder $I(13.\,April)$

Damit ist dann schon konkret ein Zeitpunkt definiert. Also z.B. die Anzahl an Kranken zum Zeitpunkt t_{17} oder die Anzahl an Kranken am 13. April. Und wenn wir uns

$I(t) = 5 + 5 \cdot 8 \cdot 0,5$

nochmal genauer ansehen, dann meinen wir eigentlich das hier

$I(\text{morgen}) = I(\text{heute}) + I(\text{heute}) \cdot 8 \cdot 0,5$

Und das sieht etwas mathematischer so aus:

$I(t + 1) = I(t) + I(t) \cdot 8 \cdot 0,5$

Wir bringen damit zum Ausdruck, dass die Anzahl der Kranken I für den nächsten Tag, also dieses $(t + 1)$, gleich dem heutigen I ist plus dieses I mal genommen mit der Anzahl an Kontakten und mal genommen mit der Wahrscheinlichkeit einer Ansteckung.

Wenn das jetzt soweit klar ist, dann können wir noch eine Kleinigkeit dazu packen. Wir hatten weiter oben schon angedeutet, dass die Infizierten nicht einfach nur so herumlaufen und jeden mit dieser 50%igen Wahrscheinlichkeit anstecken. Da war auch noch die Rede von denen, die schon angesteckt sind. Wie kriegen wir die in unserer Formel untergebracht?

Wenn jeder Kranke weiterhin 8 Kontakte am Tag hat und von diesen Kontakten aber schon sagen wir mal ein Viertel krank ist, dann kann dieser Kranke nur noch 6 Gesunde mit einer Wahrscheinlichkeit von 50% anstecken. Also die Anzahl der Gesunden S geteilt durch die gesamte Anzahl an Menschen, also durch dieses N. Das ergibt den Anteil an ansteckbaren Menschen. Das sieht mathematisch so aus:

$$I(t + 1) = I(t) + I(t) \cdot 8 \cdot 0,5 \cdot S/N$$

Und da sich dummerweise S, also die Anzahl an Gesunden auch jeden Tag mit verändert, müssten wir erstens dieses in unserer mathematischen Schreibweise natürlich auch berücksichtigen:

$$I(t + 1) = I(t) + I(t) \cdot 8 \cdot 0,5 \cdot S(t)/N$$

Und zweitens können wir jetzt darüber verzweifeln, weil da schon wieder so gegenseitige Abhängigkeiten in der Formel drinstecken Aber auch davon lassen wir uns nicht entmutigen.

Wir dürfen nur nicht die Genesenen vergessen. Die müssen wir von I(t + 1) auch noch abziehen. Denn wenn jemand wieder genesen ist, zählt er nicht mehr zu den I(t), die andere anstecken können, sondern zu den R(t), d.h. zu denen, die keinen mehr anstecken.

Das sieht dann so aus:

$$I(t + 1) = I(t) + I(t) \cdot 8 \cdot 0{,}5 \cdot S(t)/N - R(t)$$

Zwar ist unsere Gleichung jetzt noch komplizierter geworden, weil wir uns eine weitere, von der Zeit abhängige Größe, eingefangen haben. Aber, solange wir uns an die mathematischen Regeln halten, machen wir nichts falsch. Denn richtig ist, dass wir von den Kranken die, die an dem entsprechenden Tag wieder gesund geworden sind, abziehen müssen. Jedenfalls ist unsere Gleichung jetzt vollständig. Es sind die Kranken aus dem Tag davor enthalten, dann die, die durch eine Ansteckung dazugekommen sind, und die, die wieder genesen sind, haben wir davon abgezogen.

Jetzt müssen wir noch dieses R(t) irgendwie beschreiben. Wie machen wie das? Nun, wenn die Krankheit, wie oben schon erwähnt, 2 Wochen dauert, also 14 Tage, dann wären in einer Ansammlung von 100 kranken Personen nach 14 Tagen alle wieder genesen. Es könnten auch 1000 Personen sein, das spielt keine Rolle. Hoffentlich liest hier kein Arzt mit. Nach sieben Tagen wären die Hälfte wieder genesen. Daraus können wir folgern, jeden Tag wird der vierzehnte Teil der Kranken I(t) genesen.

D.h. dieses R(t) müsste, wenn wir bei unserer Einheit Tagen bleiben wollen, so aussehen:

$$R(t + 1) = R(t) + 1/14 \cdot I(t)$$

Also die Anzahl an Genesenen ist die Anzahl der gestern schon Genesenen plus die, die heute genesen. Haben wir jetzt alles? Nein, uns fehlt noch das Schwinden der Gesunden. Also dieses S(t). Wie schwinden die? Im gleichen Maß wie die Kranken zunehmen. D.h. die Gesamtanzahl minus den Kranken und minus den wieder gesund gewordenen. Dazu nehmen wir wieder die Ursprungsformel:

$$N = S(t) + I(t) + R(t)$$

und stellen diese ein wenig um:

$$S(t) = N - I(t) - R(t)$$

bzw.

$$S(t + 1) = N - I(t + 1) - R(t + 1)$$

Fertig. Wir haben jetzt alles! Hier nochmal die drei Gruppen aufgelistet:

$$S(t + 1) = N - I(t + 1) - R(t + 1)$$

$$I(t + 1) = I(t) + I(t) \cdot 8 \cdot 0{,}5 \cdot S(t)/N - R(t)$$

$$R(t + 1) = R(t) + 1/14 \cdot I(t)$$

Und für die Anzahl an Kontakten pro Tag, die Wahrscheinlichkeit einer Ansteckung beim Kontakt und die Dauer der Krankheit setzen wir natürlich auch nicht irgendwelche fertigen Zahlen in die Gleichung ein wie bisher, sondern stellvertretend folgende Buchstaben:

β für die Infektionsrate, das ist die Anzahl an Kontakten pro Tag, also 8 Stück, mal genommen mit der Wahrscheinlichkeit einer Ansteckung, nämlich 50%, d.h. 0,5. Daher wäre in unserem Beispiel $\beta = 8 \cdot 0{,}5$ bzw. $\beta = 4$

Und γ für den Anteil an Kranken, die pro Tag wieder genesen. Wenn beispielsweise die Krankheit 14 Tage dauert, dann ist

$γ = 1/14$

Die fertigen Gleichungen für unser SIR-Modell sehen jetzt so aus:

$S(t + 1) = N - I(t + 1) - R(t + 1)$

$I(t + 1) = I(t) + I(t) \cdot β \cdot S(t)/N - R(t)$

$R(t + 1) = R(t) + γ \cdot I(t)$

Wir haben jetzt ein Werkzeug an der Hand, mit dem wir ausrechnen können, wie sich die Gruppen an gesunden, kranken und genesenen Menschen zahlenmäßig verändern. Wir müssen lediglich dieses β und dieses γ bestimmen und dann in die Gleichung einsetzen.

Und das probieren wir jetzt mal aus. Und zwar mit unseren oben schon ausgedachten Werten für β und γ, nämlich

$β = 4$

$γ = 1/14$

und den Anfangswerten

$S(t_0) = 82.999.999$
$I(t_0) = 1$
$Rt_0) = 0$

D.h. am ersten Tag t_0 läuft ein Kranker herum und fängt an, andere anzustecken. Wie sieht das nach einem Tag, sozusagen am Abend vom Tag t_1 aus?

Dazu zunächst

$S(t_1) = N - I(t_1) - R(t_1)$
$S(t_1) = 83.000.000 - 5 - 1/14$
$S(t_1) = 82.999.994,93$

$I(t_1) = I(t_0) + I(t_0) \cdot \beta \cdot S(t_0)/N - R(t_0)$
$I(t_1) = 1 + 1 \cdot 4 \cdot 82.999.999/83.000.000 - 0$
$I(t_1) = 5$

$R(t_1) = R(t_0) + \gamma \cdot I(t_0)$
$R(t_1) = 0 + 1/14 \cdot 1$
$R(t_1) = 1/14$

Und schon fangen die Probleme an. $I(t_1)$ ist nämlich in Wirklichkeit nicht 5 sondern 4,999999952. Das könnten wir ja irgendwie noch als Rundungsfehler wegdrücken. Bei der Anzahl an Infizierbaren, die sich auf 82.999.994,93 reduziert hat, kriegen wir das aber nicht mehr so einfach hin. Nun ja, es gibt keine 0,93 Menschen, das ist richtig. Entweder es sind 82.999.994 oder es sind 82.999.995. Wir könnten uns hier hinter der These verstecken, wenn 82.999.994 noch zu den Gesunden zählen und einer irgendwie schon ein klein wenig zu den Genesenen zählt, dann passt es. Denn auch wenn die Zuordnung dann ein wenig hinkt, einer der sagen wir mal zur Hälfte genesen ist, das wäre ja, wenn die Krankheit 14 Tage anhält, nach 7 Tagen, würde schon als "0,5-Genesener" zählen. Wir kommen mit den gebrochenen Zahlen also ganz gut zurecht.

So, jetzt kommt der zweite Tag:

$S(t_2) = N - I(t_2) - R(t_2)$
$S(t_2) = 83.000.000 - 24,93 - 0,43$
$S(t_2) = 82.999.974,64$

$I(t_2) = I(t_1) + I(t_1) \cdot \beta \cdot S(t_1)/N - R(t_1)$
$I(t_2) = 5 + 5 \cdot 4 \cdot 82.999.994,93/83.000.000 - 1/14$
$I(t_2) = 24,93$

50

$R(t_2) = R(t_1) + \gamma \cdot I(t_1)$
$R(t_2) = 1/14 + 1/14 \cdot 5$
$R(t_2) = 0,43$

Und jetzt noch der dritte Tag:

$S(t_3) = N - I(t_3) - R(t_3)$
$S(t_3) = 83.000.000 - 124,21 - 2,21$
$S(t_3) = 82.999.873,58$

$I(t_3) = I(t_2) + I(t_2) \cdot \beta \cdot S(t_2)/N - R(t_2)$
$I(t_3) = 24,93 + 24,93 \cdot 4 \cdot 82.999.974,64/83.000.000 - 0,43$
$I(t_3) = 124,21$

$R(t_3) = R(t_2) + \gamma \cdot I(t_2)$
$R(t_3) = 0,43 + 1/14 \cdot 24,93$
$R(t_3) = 2,21$

Den vierten Tag rechnen wir auch noch aus:

$S(t_4) = N - I(t_4) - R(t_4)$
$S(t_4) = 83.000.000 - 618,89 - 44,64$
$S(t_4) = 82.999.370,06$

$$I(t_4) = I(t_3) + I(t_3) \cdot \beta \cdot S(t_3)/N - R(t_3)$$
$$I(t_4) = 124{,}22 + 124{,}22 \cdot 4 \cdot 82.999.873{,}57/83.000.000 - 2{,}21$$
$$I(t_4) = 618{,}86$$

$$R(t_4) = R(t_3) + \gamma \cdot I(t_3)$$
$$R(t_4) = 2{,}21 + 1/14 \cdot 124{,}21$$
$$R(t_4) = 11{,}08$$

Und so weiter, bis keiner mehr angesteckt wird. Und das ist kurioserweise nicht unbedingt erst dann, wenn alle schon krank sind oder bereits genesen. Das passiert auch schon dann, wenn es nur noch ganz wenige ansteckbare Gesunde gibt.

Die Wahrscheinlichkeit für einen Kranken, dann auf einen Gesunden zu treffen und ihn anzustecken, ist geringer als die Wahrscheinlichkeit, vorher zu genesen. Da liegt der berühmte Hase im Pfeffer.

Was fällt noch auf? Das extrem schnelle Anwachsen der Krankenzahl. Die Erkenntnis, wie sich denn die Kurve der Kranken über die Zeit verhält, wäre sicherlich auch hilfreich. Könnten wir nicht...? Ja, wir könnten mittels Tabellenkalkulation dieses Anwachsen Schritt für Schritt, also Tag für Tag, irgendwie darstellen. Das haben wir bis zum vierten Tag ja weiter oben schon zu Fuß gemacht.

Was wir eigentlich gerne hätten, wäre ein Gleichungssystem, mit dem man die Anzahl an Kranken nach sagen wir mal 3 Wochen berechnen kann. Ohne vorher jeden Tag einzeln berechnet zu haben. Geht das überhaupt? Gibt es dafür eine brauchbare Formel? Um es klar zu sagen: Jein. Die tatsächlichen mathematischen Zusammenhänge sind komplizierter als erhofft. Es sind Differentialgleichungssysteme, mit denen wir es hier zu tun hätten. Das sind Gleichungen, wo Funktionen und deren Ableitungen drin vorkommen.

Differentialgleichungen zu lösen ist manchmal einfach, meist schwierig und mitunter gar nicht möglich. Und für die eine oder andere Anwendung gibt es natürlich schon Gleichungen, die andere für uns gelöst bzw. aufgestellt haben. Als Beispiel zu diesem Thema wäre eine fertige Gleichung, mit der wir ausrechnen können, wie viele Infizierte es in einer Gesellschaft maximal geben kann. Dazu muss man die Infektionsrate β und die Genesungsrate γ kennen und die Anzahl an gesunden Menschen, also dieses $S(t)$ am Anfang, also wenn $t = 0$ ist. Die Formel dazu sieht so aus:

$$I_{max} = 1 + \frac{\gamma}{\beta}\left(\ln\left(\frac{\gamma}{\beta \cdot S(0)} \right) - 1 \right)$$

Und wir bleiben natürlich bei unseren bisherigen Werten, mit denen wir diese Formel mal füttern wollen, nämlich:

N = 83.000.000
S(0) = 82.999.999
β = 4
γ = 1/14

Nach dem Einsetzen in diese Formel kommt als maximale Anzahl an Infizierten

I_{max} = 75.551.710 Personen

D.h. mit den bisherigen Werten für β und γ stecken sich fast alle an. Und was passiert, wenn wir β von sagen wir mal 4 auf 1 reduzieren? Das ergibt immer noch

I_{max} = 61.425.589 Personen

Ändert also nur wenig. Woran liegt das? Das ist leicht zu erraten. Solange ein Kranker während seiner Krankheit mehr als eine Person ansteckt, erhöht sich die Anzahl an Kranken, die herumlaufen, sehr schnell. Das erscheint ja auch irgendwie plausibel. Erst wenn ein Kranker während seiner Krankheit weniger als eine Person ansteckt, stirbt die Krankheit aus.

Nun, wenn die Krankheit 14 Tage dauert, dann müsste demnach bei einem β von 1/14 die maximale Anzahl an Kranken theoretisch bei 1 liegen. Das probieren wir mal aus mit unserer Formel.

Wir setzen ein folgende Werte:

$N = 83.000.000$
$S(0) = 82.999.999$
$\beta = 1/14$
$\gamma = 1/14$

Und je nach dem mit wie viel Stellen gerechnet wird, kommen Werte raus, die so ziemlich bei 1 liegen.

Die Mathematik ist es, die uns vor dem Trug der Sinne schützt und uns den Unterschied zwischen Schein und Wahrheit kennen lehrt.
Leonhard Euler

Die dritte Lektion

Container richtig laschen

Von Lucius Annaeus Seneca stammt das Zitat "Auf nichts also müssen wir mehr achten als darauf, nicht nach Art des Herdenviehs der vorauslaufenden Schar zu folgen: wir würden dann nur den meist betretenen, nicht aber den richtigen Weg wählen". Auch wenn es ziemlich gestelzt klingt, will doch dieser römische Philosoph nichts anderes sagen, als das, was Mark Twain etwas zugänglicher formuliert hat, nämlich: "Immer wenn man die Meinung der Mehrheit teilt, ist es Zeit, sich zu besinnen".

Die Schwierigkeit dabei, es kostet immer wieder enorm viel Überwindung, gegen den Strom zu schwimmen. Die Mühen sind beachtlich, das zu tun, was man selber für richtig hält und nicht das, was andere für richtig halten. Mit ein Grund, warum viele in den Trott verfallen, einfach das zu tun, was alle machen. Das fällt nicht auf, tut nicht weh und man muss sich auch nicht dauernd rechtfertigen.

Jedoch, das große Aber kommt jetzt. Würden wir uns nämlich alle so verhalten, also "immer schön mit dem Strom schwimmen", würden wir wohl immer noch ohne wärmendes Feuer in irgendwelchen Höhlen hocken und entbehrungsreich unser kümmerliches Dasein fristen.

Was hat dieser philosophische Exkurs denn nun mit dem Laschen von Containern zu tun? Recht viel, wie wir gleich sehen werden. Fangen wir also an, uns zu besinnen. Millionenfach werden Container auf diesen riesigen Containerschiffen transportiert und festgelascht (festgebunden), damit diese auch bei starkem Seegang nicht über Bord fallen.

Und da aller Anfang bei uns nicht die Schwere sondern die Zeichnung ist, machen wir uns zunächst eine kleine Skizze. Einfach mal einen von diesen 20' oder 40' Container gezeichnet, der sieht Stirnseitig in etwa so aus:

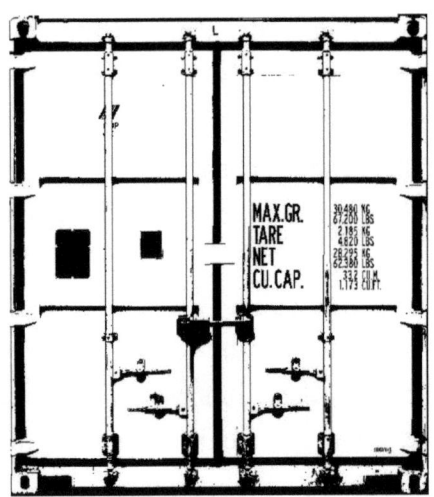

Und, da wir Mathematiker die Kunst der Abstraktion par excellence beherrschen, lassen wir alles Überflüssige mal weg und zeichnen nur das Wesentliche, nämlich ein einfaches Container-Rechteck:

Was uns jetzt noch fehlt, sind mögliche Kräfte, die auf den Container wirken und diesen zum Umkippen bringen könnten sowie mögliche Gegenkräfte, die dieses Kippen verhindern. Natürlich sprechen wir hier nur vom Kippen über die Längsachse.

Diese Kräfte können durch Schiffsbewegungen, Wellenschlag oder verrutschter Ladung verursacht werden. Wir machen daraus eine Kraft, die genau mittig auf die Seitenwand des Containers horizontal wirkt. Dabei ist die eigentliche Größe dieser Kraft egal, denn wir wollen hier nichts konkretes ausrechnen, wir wollen nur zwei Varianten des Festlaschens miteinander vergleichen und sehen, welche davon die bessere ist. In unserer Zeichnung sieht die Kraft, die wir hier F_S nennen, so aus:

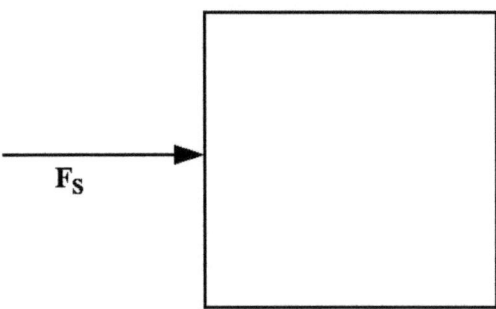

Wir setzen mal voraus, dass der Container gegen Verrutschen gesichert ist und diese seitliche Kraft F_S den Container nur zum Kippen bringt könnte, aber nicht zum Wegrutschen.

Und wir lassen mal diese im Containerfachjargon Twistlock genannten Vorrichtungen weg, die eine komplette Fixierung eines Containers an Deck ermöglichen. Denn wir wollen ja gerade nicht so etwas wie ein statisch unbestimmtes System haben, mit dem wir hier nie fertig werden.

So, weiter. Wenn der Container durch eine solche seitliche Kraft ins Kippen kommt, dann hätten wir so etwas wie auf dieser Skizze hier:

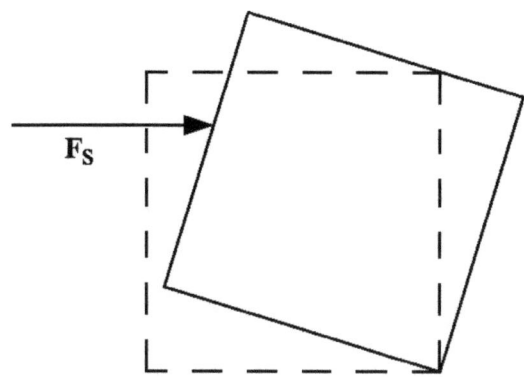

Das können wir nur verhindern, in dem wir den Container an Deck festlaschen. Aber wie bloß? Nun, da gibt es zum einen die klassische Methode, diese Befestigungsseile oder -stangen hübsch über Kreuz zu montieren. Also so, wie es auf jedem Seeschiff üblicherweise gemacht wird.

Das sieht dann so aus:

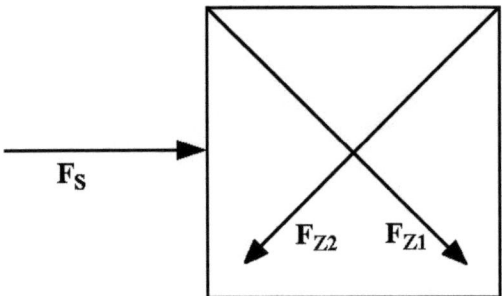

Da werden also zwischen der oberen linken Ecke und rechts unten an Deck und zwischen der oberen rechten Ecke und links unten an Deck dicke Drahtseile oder Stangen fest eingespannt. Die können natürlich nur Zugkräfte übertragen und halten den Container damit sicher an Deck fest. Unser statisches Gefühl gibt uns sogar Recht.

Aber wie fest ist fest?

Die tatsächlichen Größen der seitlichen Kraft F_S und der beiden Haltekräfte F_{Z1} und F_{Z2} sind nicht wichtig. Und das Gewicht des Containers steht auch nur auf irgendwelchen Ladepapieren, also selbst wenn wir wollten, würden wir nichts zustande bringen.

Aber das brauchen wir auch gar nicht. Wir wollen ja lediglich die Erkenntnis gewinnen, ob diese über Kreuz gespannten Halteseile (nennen wir die mal so) die optimale Form ist, oder ob es nicht noch eine bessere Möglichkeit gibt, einen Container an Deck zu laschen.

Welche Alternative gäbe es da? Nun, eine Alternative sieht vielleicht so aus:

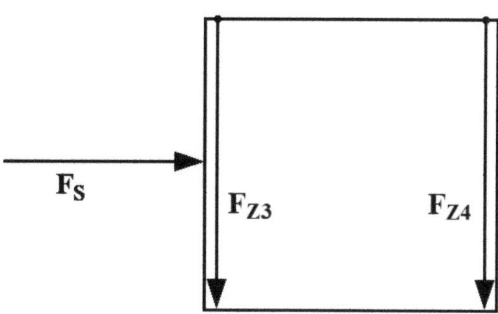

D.h. diese Halteseile sind nicht über Kreuz angeordnet sondern von den beiden oberen Ecken links und rechts einfach senkrecht nach unten. Wer sich noch an die am Anfang dieses Kapitels aufgeführten Zitate erinnert, kann sich vorstellen, was da jetzt auf uns zukommt.

Aber es gibt ein wirksames Mittel, dem Aufschrei der Unbelehrbaren zu begegnen, nämlich der mathematische Weg. Der mag im ersten Moment steinig sein für uns, dafür beißen sich die Gegner daran die Zähne aus. Und damit wir uns hier mit unseren mathematischen Hilfsmitteln weiterhelfen können, müssen wir - mal wieder - die so selten geübte Kunst der Abstraktion anwenden.

Was heißt das? Wir müssen weiter abstrahieren. Wenn wir zwei Dinge vergleichen wollen, müssen wir es schaffen, diese ins Verhältnis zu setzen. Dazu machen wir wieder eine Skizze. In dieser Skizze versuchen wir mal die beiden Fälle, die gegen die seitliche Kraft F_S wirken, gleichzeitig unterzubringen.

D.h. sowohl die Kraft F_{Z2} beim über kreuzweise laschen als auch die Kraft F_{Z3} beim senkrechten laschen. Also die Kräfte, die verhindern, dass der Container in Uhrzeigersinn kippt.

Das ganze könnte dann so aussehen:

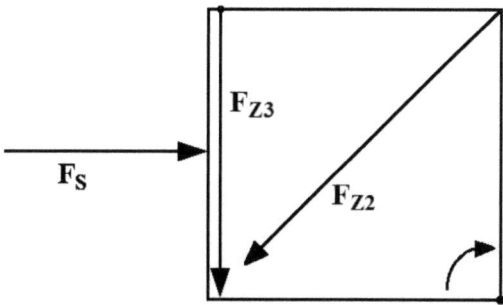

Wir kommen schon zu unseren Dreiecken, keine Sorge. Was müssen wir noch wissen? Da der Container kippt, sich also dreht, etwas Physik. Nämlich dass ein Drehmoment sich berechnen lässt aus Kraft mal Hebel, mit dem Hebel als Entfernung der Kraft zum Drehpunkt. Dieses Drehmoment ist in diesem Fall das, was den Container um seinen Drehpunkt drehen lässt.

Der Drehpunkt selbst ist in unserem Fall rechts unten. Und die Kraft, die den Container am drehen dadurch hindert, das sie diesen am Boden festhält, ist natürlich die Kraft F_{Z2} bzw. F_{Z3}. Die Kräfte F_{Z1} bzw. F_{Z4} wirken in diesem Falle nicht, da beide genau durch diesen Drehpunkt rechts unten verlaufen. Die können wir also getrost ignorieren.

Was bleibt übrig? Das hier, also einmal wenn über Kreuz gelascht, dann ist der Hebel "L" zwischen der Kraft und dem Drehpunkt rechts unten so lang wie die halbe Diagonale vom Container:

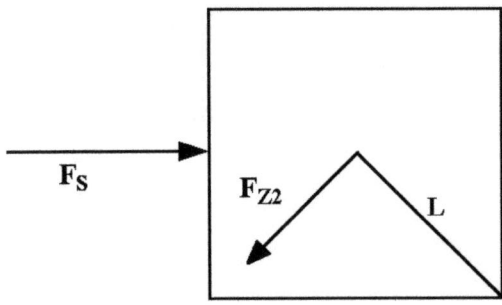

Und, wenn senkrecht nach unten gelascht, dann ist der Hebel "L" so lang wie der Container breit:

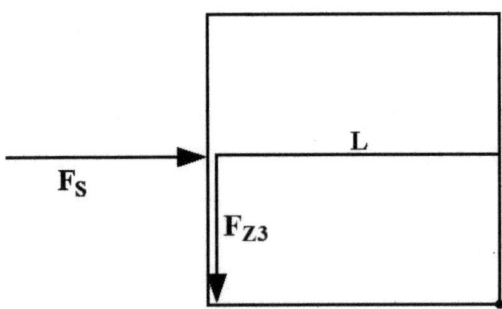

Was sich im ersten Moment so banal anhört, ist in Wirklichkeit ziemlich folgenschwer. Warum? Weil ein kurzer Hebel auch nur ein kleines Drehmoment zur folge hat (wer am kürzeren Hebel sitzt...). Oder anders herum, weil beim senkrechten Laschen der Hebel länger ist und damit der seitlichen Kraft F_S ein höheres Drehmoment entgegengesetzt wird!

Da wir mit Ausnahme der beiden unterschiedlich langen Hebel "L" alles andere als gleichgroß ansetzen können, beschränkt sich unsere mathematische Arbeit lediglich auf den Vergleich der Längen dieser beiden Hebel. Diese Längen müssen wir also irgendwie ins Verhältnis zueinander setzen. Oder zumindest in eine mathematische Form kriegen.

Das machen wir mal eben. Und es scheint so, als hätte Pythagoras in weiser Voraussicht extra für uns hierfür etwas entwickelt, nämlich die berühmte Formel für die Seitenlängen in rechtwinkeligen Dreiecken. So als hätte er geahnt, dass es irgendwann in ferner Zukunft Containerschiffe gibt. Hier also diese allseits bekannte pythagoreische Formel:

$$c^2 = a^2 + b^2$$

Eine Formel, die jedem Schüler früher in der Schule regelrecht eingeprügelt wurde, ohne zu wissen, was man damit anfangen soll. Kaum jemand hat in seinem Leben diese Formel jemals gebraucht. Wahrscheinlich auch der Grund dafür, das Millionen von Containern falsch gelascht werden...

Schluss mit dem Klagelied, jetzt wird gerechnet. Um die pythagoreische Formel mit unserem Container in Verbindung zu bringen, fertigen wir uns dafür eine Skizze. Dabei gehen wir mal davon aus, dass die Container ein mehr oder weniger quadratisches Profil haben.

Dann sieht das ganze so aus:

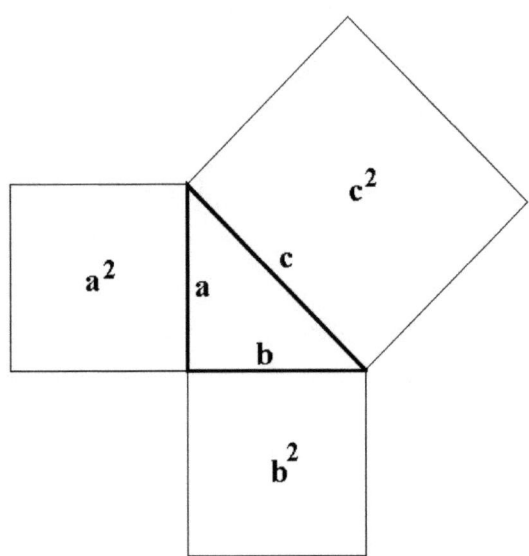

Zugegeben, ein bisschen abstrakt, aber das ganze lichtet sich gleich. Während b die Containerbreite und a die Containerhöhe darstellt, ist diese schräge Seite c die Diagonale der Stirnfläche des Containers.

Wir hatten weiter oben festgestellt, dass die Hebellänge das entscheidende ist. Und nun brauchen wir nur noch abzulesen, nämlich wenn senkrecht nach unten gelascht wird, entspricht der Hebel der Containerbreite b und, wenn über Kreuz gelascht wird, entspricht der Hebel der halben Diagonale c, nämlich c/2.

Und wie groß ist c/2?

Nun, wenn

$$c^2 = a^2 + b^2$$

dann müssen wir durch Umstellerei (auf beiden Seiten der Formel das gleiche tun) links dieses "ins Quadrat" weg kriegen, also auf beiden Seiten die Wurzel ziehen:

$$\sqrt{c^2} = \sqrt{a^2 + b^2}$$

$$c = \sqrt{a^2 + b^2}$$

und dann halbieren. Das sieht dann so aus:

$$\frac{c}{2} = \frac{\sqrt{a^2 + b^2}}{2}$$

Und wenn wir uns jetzt mal die tatsächlichen Abmessungen eines Containers ansehen, also die Breite von 2350 mm und die Höhe von 2390 mm (diesmal kein High Cube), dann können wir ruhig so tun, als wären diese beiden Abmessungen gleich, also mathematisch so etwas wie

$$a = b$$

Dann verändern sich die Formeln wie folgt, die Breite b bleibt die Breite b, jedoch aus

$$\frac{c}{2} = \frac{\sqrt{a^2 + b^2}}{2}$$

wird dann durch einsetzen von b an Stelle von a

$$\frac{c}{2} = \frac{\sqrt{b^2 + b^2}}{2}$$

und das wird zu

$$\frac{c}{2} = \frac{\sqrt{2\,b^2}}{2}$$

und wenn wir aus $2\,b^2$ die Wurzel ziehen, bleibt über:

$$\frac{c}{2} = \frac{\sqrt{2} \cdot b}{2}$$

Und die Wurzel aus 2 ist ja bekanntlich 1,4142, also

$$\frac{c}{2} = \frac{1,4142 \cdot b}{2}$$

bzw.

$$\frac{c}{2} = 0,7071 \cdot b$$

Et voilà! Man mag es kaum glauben, sofern überkreuz gelascht, ist der Hebel $c/2$ nur ca. 71% so lang wie der Hebel b beim senkrechten Laschen. D.h. ein überkreuz gelaschter Container steht in etwa nur 71% so stabil da wie ein Container, der mit senkrecht nach unten gespannten Seilen gelascht wurde. 71%!

Zumindest aber müsste der über Kreuz gelaschte Container mit etwa 1,4 mal so starken Befestigungsseile gelascht werden, wollte man die gleiche Stabilität erreichen. D.h., sofern wir nur das seitliche Kippen eines Containers betrachten, wären wir gut beraten, diesen mit gerade nach unten gespannten Zugseilen zu laschen. Und nicht über Kreuz...

Was wirklich zählt, ist Intuition.
Albert Einstein

Die vierte Lektion
Der Satellit, der oben blieb

Ganz einfach erscheinende, alltägliche Dinge offenbaren bei
näherem Hinsehen eine überraschende Komplexität. Der
einfache morgendliche Kaffee z.b. ist das Ergebnis einer fast
unendlich komplizierten Abfolge von den unterschiedlichsten
Tätigkeiten. Der Kaffee wird geerntet, vom Fruchtfleisch befreit
und in Säcke gefüllt. Diese Säcke werden in Container gestaut
und per LKW zu einem Schiff gebracht. Dort werden die
Container per Kran an Bord geladen. Sowohl LKW, Kran als auch
Schiff sind Maschinen, die in langwierigen Prozessen Techniker
und Monteure ausgedacht und gefertigt haben. Aus Stahl, das aus
Eisenerz aus einer Mine aus Übersee kommt und Kunststoff, das
aus einem Chemiewerk stammt. Der Kran braucht Strom aus
Kraftwerken und LKW und Schiff benötigen Erdöl, das mittels
Bohrturm aufwendig aus den Tiefen der Erdkruste gefördert
wurde und per Tanker über weite Strecken transportiert wurde,
usw...

Dass ein lumpiger Kaffee eher wenig mit Satelliten zu tun hat,
erscheint nur dem oberflächlichen Betrachter so. Zumindest eint
beide diese gewaltige Komplexität im Hintergrund, die für die
jeweilige Realisierung notwendig ist. Und beim Satelliten ist es
eigentlich noch schlimmer, den kann man - entgegen dem Kaffee

in der Kanne - vorher unter echten Bedingungen gar nicht testen. Man muss da an alles penibel gedacht haben und Dinge ziemlich genau vorhergesagt haben. Wie schafft man das?

Mit Mathematik natürlich!

Beispiel: Wir wollen einen Satelliten "in den Himmel schießen" und der soll auch da oben bleiben und nicht wieder runter fallen. Vor allen Dingen aber soll dieser Satellit immer an der gleichen Stelle - von uns aus betrachtet - oben bleiben. Wie z.B. diese Satelliten, die Fernsehsignale übertragen. Wo ist diese Stelle, wie hoch über dem Äquator muss sich dieser Satellit aufhalten?

Das ist doch mal eine Aufgabe. Aber der Reihe nach. Was brauchen wir für Ansätze? Durch die "Physik-Brille" betrachtet haben wir es hier mit zwei Kräften zu tun, nämlich der Erdanziehungskraft und der Fliehkraft. Zum einen müssen wir also wissen, wie stark der Satellit von der Erde angezogen wird und zum anderen müssen wir wissen, wie stark die Fliehkraft eines Objektes wirkt, dass sich auf einer Kreisbahn befindet. Mit diesen beiden Formulierungen und ein bisschen Mathematik müsste es möglich sein, die Lösung zu finden.

Also, fangen wir an.

Die Erdanziehungskraft F_G , die eigentlich eine Kraft zwischen zwei Massen ist, lässt sich mit nachfolgender Formel berechnen:

$$F_G = \frac{m_1 \cdot m_2}{r^2} \, G$$

Das ist nichts Komisches, das ist das ganz normale "Newtonsche Gravitationsgesetz", das wir in wirklich jedem Physikbuch finden. Darin steht m_1 für die eine Masse, in diesem Falle die Erde, m_2 für die zweite Masse, in diesem Falle der Satellit, r für den Abstand der beiden Massen zueinander und dieses G ist die Gravitationskonstante.

Diese Gravitationskonstante hat einen Wert von:

$$G = 6{,}672 \cdot 10^{-11} \, N \cdot m^2 / \, kg^2$$

Aber lassen wir uns von dieser komplizierten Zahl, in der auch noch so komische kg^2 , also Kilogramm ins Quadrat vorkommen, nicht irritieren. Die verschwinden nachher ganz von alleine.

Weiter oben hatten wir ja mittels Physik-Brille von zwei Kräften gesprochen. Nun, die zweite Kraft ist ja die, die sich aus der Trägheit des Satelliten ergibt, geradeaus fliegen zu wollen. D.h. es ist eine Kraft, die den Satelliten auf der Kreisbahn hält.

So wie die Kraft, die der Hammerwerfer beim Hammerwurf aufbringen muss, um die Eisenkugel festzuhalten.

Und, auch keine Überraschung, für diese Kraft gibt es auch in jedem Physikbuch eine Formel, nämlich die der Zentripetalkraft, und die lautet:

$$F_Z = m \ \frac{v^2}{r}$$

Darin bedeuten das m die Masse des Körpers, der sich da auf der Kreisbahn bewegt, also der Hammer des Hammerwerfers oder der Satellit, v die Geschwindigkeit, mit der sich dieser Körper auf seiner Kreisbahn bewegt und r natürlich der Radius dieser Kreisbahn.

Und jetzt ist genau das gefragt, was eigentlich auch Bestandteil der Mathematik sein sollte, nämlich diese Erkenntnisse, also diese beiden Formeln, nutzbringend zu verbinden. Und dann sehen wir mal, wie weit wir kommen. Zentralgedanke dabei ist ja zunächst die Tatsache, dass der Satellit nur dann nicht herunterfällt oder weg fliegt, wenn beide Kräfte sich genau im Gleichgewicht befinden.

In Mathematikersprache heißt das

$$F_G = F_Z$$

Das ist alles. Und auch noch viel kürzer als dieses ganze Geschreibsel. Durch diese Gleichsetzung beschreiben wir mathematisch diesen Gedanken in seiner reinsten Form. Und alles, was wir gleichsetzen können, können wir auch beliebig miteinander austauschen. Das machen wir jetzt mal. Wir ersetzen F_G und F_Z durch die jeweiligen Formeln, das sieht dann so aus:

$$\frac{m_1 \cdot m_2}{r^2} \, G = m \, \frac{v^2}{r}$$

Wobei das m_1 auf der linken Seite der Gleichung dem m auf der rechten Seite der Gleichung entspricht, in unserem Falle nämlich die Masse des Satelliten. Das schreiben wir dann auch so:

$$\frac{m_1 \cdot m_2}{r^2} \, G = m_1 \frac{v^2}{r}$$

Auch die Ästhetik darf nicht zu kurz kommen, deshalb stellen wir dieses m_1 auf beiden Seiten auf dem Bruchstrich, dann sieht das ganze so aus:

$$\frac{m_1 \cdot m_2}{r^2} \, G = \frac{m_1 \cdot v^2}{r}$$

Und wir stellen fest, dieses m_1 kürzt sich auf beiden Seiten raus. Salopp gesagt, es fliegt aus der Gleichung. D.h., egal wie schwer der Satellit ist, das spielt überhaupt keine Rolle! Unsere Gleichung sieht jetzt so aus:

$$\frac{m_2}{r^2} \, G = \frac{v^2}{r}$$

Die Formel lässt sich natürlich noch weiter vereinfachen. Der Radius r ist unter beiden Bruchstrichen, links sogar im Quadrat. Auch das kürzen wir weg, in dem wir auf beiden Seiten mit r malnehmen, dann bleibt nämlich folgendes über:

$$\frac{m_2}{r} \; G = v^2$$

Können wir damit schon was anfangen? Nee, nicht wirklich. Was wollen wir überhaupt wissen? Wir wollen wissen, wie hoch dieser Satellit sich über dem Äquator befinden muss, damit dieser da bleibt und nicht runter fällt oder weg fliegt. D.h. wir müssen nach r auflösen. Das dumme ist nur, uns fehlt auch die Umlaufgeschwindigkeit v. Die haben wir nämlich auch nicht. Nun, des Rätsels Lösung finden wir bestimmt nicht, wenn wir dauernd auf die letzte Gleichung starren.

Wir müssen schon noch ein bisschen über den Tellerrand schauen. Was haben wir noch für Angaben, die hilfreich sein könnten? Na, die Winkelgeschwindigkeit der Erde, denn wenn der Satellit immer an der gleichen Stelle oben bleiben soll, dann muss er sich mit der Erde mitdrehen. Wie hoch ist diese Winkelgeschwindigkeit? Ganz einfach: Wenn sich die Erde an einem Tag um die eigene Achse dreht (also dass müsste jetzt wirklich jeder wissen) sind das 360° pro Tag. Und wie kriegen wir diese Erkenntnis in obige Gleichung?

Dazu machen wir uns mal wieder eine Skizze, die etwas verdeutlichen soll:

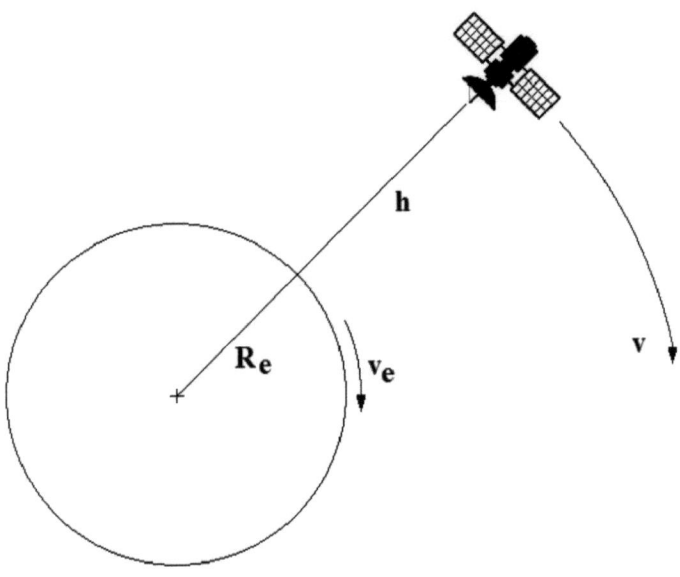

In dieser Skizze sind R_e der Erdradius, h die Höhe des Satelliten über der Erdoberfläche, v die Geschwindigkeit, mit der dieser seine Kreisbahn zieht und v_e die "Geschwindigkeit"

der Erdoberfläche. Und wie müssen wir jetzt vorgehen, damit wir in der vorangegangenen Formel dieses r ausrechnen können? Wir müssen über die Erdrotation die Geschwindigkeit v dieses Satelliten ermitteln.

Das machen wir jetzt. Bei einem Radius der Erde von 6371 km ist der Umfang U

$$U = d \cdot \pi$$

und da der Durchmesser d dem doppelten Radius entspricht, ist

$$U = 2 \, R_e \, \pi$$

$$U = 2 \cdot 6371km \cdot 3,1415$$

$$U = 40.030 \, km$$

Weiter oben hatten wir festgehalten, die Erde benötigt für eine komplette Umdrehung, also 360°, was ja dem Umfang der Erde von 40.030 km entspricht, genau 1 Tag. Also 24 h bzw. 86.400 s.

D.h. die Geschwindigkeit v_e an der Erdoberfläche beträgt

$$v_e = \frac{40.030 \, km}{86.400 \, s}$$

bzw. ausgerechnet

v_e = 0,4633 km/s oder besser

v_e = 463,3 m/s

So, und jetzt nochmal die Formel notiert, in der wir die beiden Unbekannten drin haben, nämlich zum einen die Geschwindigkeit, mit der der Satellit seine Bahn zieht und zum anderen die eigentlichen Größe, die wir ausrechnen wollen, nämlich dieses r, also der Radius von der Bahn des Satelliten.

$$\frac{m_2}{r} \, G = v^2$$

Wenn wir uns nochmal die letzte Skizze vergegenwärtigen, dann müssten wir doch mittels R_e und h und dem Dreisatz aus v_e die Geschwindigkeit, mit der der Satellit seine Bahn zieht, ermitteln können. Und wie geht das? Aus der Gegenüberstellung:

$$\frac{R_e}{v_e} = \frac{R_e + h}{v}$$

Und daraus wird durch Umstellerei

$$v = \frac{v_e \, (R_e + h)}{R_e}$$

Jetzt brauchen wir "nur" noch das, was für dieses v hier steht, in obige Gleichung einzusetzen. Und zu quadrieren ...

$$\frac{m_2}{r} \, G = \left(\frac{v_e \, (R_e + h)}{R_e} \right)^2$$

Nun gut. Es kommt vor, dass man in der Mathematik schon mal das Gefühl bekommt, auf dem Holzweg zu sein. Sollte uns jetzt aber nicht davon abhalten, hier weiterzumachen. Das Gute ist nämlich, solange wir mathematisch gesehen nichts falsch machen, ist die Wahrscheinlichkeit, dass sich das alles plötzlich vereinfacht, recht groß.

Wenn wir uns nochmal die letzte Skizze vor Augen führen, müsste uns doch etwas auffallen. Der Abstand des Satelliten vom Erdmittelpunkt ist $R_e + h$. Dieses ist aber auch gleichzeitig dieses einfache r aus den ersten Gleichungen, nämlich der einfache Abstand der Massen zueinander, und zwar sowohl in der Formel für die Massenanziehung als auch in der Formel für die Zentripetalkraft. Das heißt, obige Formel vereinfacht sich zunächst auf

$$\frac{m_2}{r}\, G = \left(\frac{v_e \cdot r}{R_e} \right)^2$$

Und das ganze jetzt ohne diese große irritierende Klammer:

$$\frac{m_2}{r}\, G = \frac{v_e^2 \cdot r^2}{R_e^2}$$

Und jetzt teilen wir beide Seiten durch v_e^2 und nehmen beide Seiten mit R_e^2 und r mal:

$$\frac{m_2\, R_e^2}{v_e^2}\, G = r^2 \cdot r$$

bzw.

$$\frac{m_2\, R_e^2}{v_e^2}\, G = r^3$$

Dass da mit einmal ein Radius zur dritten Potenz auftaucht, hat auch keiner geahnt. Damit nun diese 3 als Exponent am Radius verschwindet, müssen wir auf beiden Seiten der Gleichung die dritte Wurzel ziehen:

$$\sqrt[3]{\frac{m_2 \cdot R_e^2}{v_e^2}\, G} = \sqrt[3]{r^3}$$

und da die dritte Wurzel aus r^3 natürlich r ist:

$$\sqrt[3]{\frac{m_2 \cdot R_e^2}{v_e^2}\, G} = r$$

Wenn wir nun alle bekannte Werte in diese Gleichung einsetzen und uns auch nicht mit den Einheiten verheddern, kommt raus:

42.231.871 m

Das ist natürlich gemessen vom Erdmittelpunkt aus. Wenn wir wissen wollen, wie hoch der Satellit von der Erdoberfläche entfernt sein muss, müssen wir natürlich den Erdradius von 6371 km davon abziehen.

Das wären dann:

35.860.871 m   oder aufgerundet

35.861 km

Das ist also die Höhe über dem Äquator, auf der sich diese geostationären Satelliten aufhalten. Und zwar errechnet.

Es gibt Dinge, die den meisten Menschen unglaublich erscheinen, die nicht Mathematik studiert haben.

Archimedes

Die fünfte Lektion

Mit der Schrotflinte an die Wand geschossen

Keine Sorge, wir wollen hier nicht irgendwelche ballistischen Untersuchungen anstellen. Es geht hier weder um Geschosseindringtiefen noch um krumme Flugbahnen. Es geht hier viel mehr um Statistik. Um genau zu sein lautet das Thema hier "Lineare Regression". Auch wenn zunächst so gut wie niemand mit diesem Begriff etwas anfangen kann, wollen wir hier mal deutlich machen, dass mitunter auch mal Mathematik besser sein kann als der gesunde Menschenverstand.

Beispiel? Wir konstruieren uns da mal was. Mehr oder weniger bekannt ist ja die Tatsache, bewege ich mich wenig, benötigt mein Körper weniger kJ (kcal ist eine veraltete Einheit, die wir nicht mehr benutzen sollten), bewege ich mich viel, benötigt mein Körper mehr kJ um zu funktionieren. Das ist nicht wirklich eine neue Erkenntnis, aber gerade deswegen ja so gut geeignet für unsere mathematischen Überlegungen. Es gibt sogar Online-Rechner im Netz, damit kann jeder ausrechnen, wie viel man sich bewegen muss um soundsoviele kJ zu verbrennen. Das sind fertige, dreisatzähnliche Konstrukte um so etwas auszurechnen.

Aber, so einfach ist das hier nicht. Wir können nicht immer auf den Luxus bauen, eine fertige Formel oder Diagramm zu haben, wo man lediglich Werte eintippen muss oder unten nur ablesen muss, was man getan hat und links die dafür notwendigen kJ ablesen kann. Das kann jeder. Die Wirklichkeit ist schlimmer. Wir sind ganz am Anfang, wir haben nichts. Na ja, nicht wirklich nichts, ein paar Erfahrungen bzw. Schätzungen haben wir, mehr aber auch nicht. Wir wollen uns endlich mal eine Formel erarbeiten. Und zwar aus tatsächlichen Werten. Zwar nicht super genau, aber immer noch besser als nichts. Wie fangen wir an?

Wir zeichnen zunächst mal unser Diagramm mit der Anzahl an m, die man laufen kann an der horizontalen Achse und die entsprechenden kJ, die man dabei verbraucht, um diese m laufen zu können. Das sieht erst mal so aus:

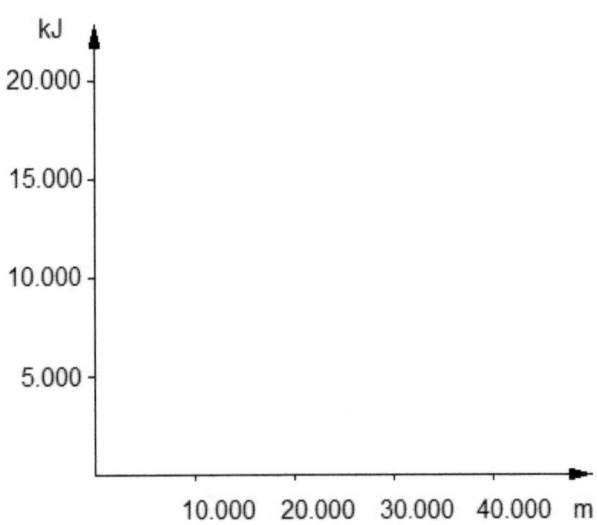

Jetzt tragen wir da einfach mal ein paar Verbrauchswerte ein. Also beispielsweise wenn wir 10.000 m laufen, verbrauchen wir dadurch 10.000 kJ und wenn wir 30.000 m laufen, dann verbrauchen wir 16.000 kJ:

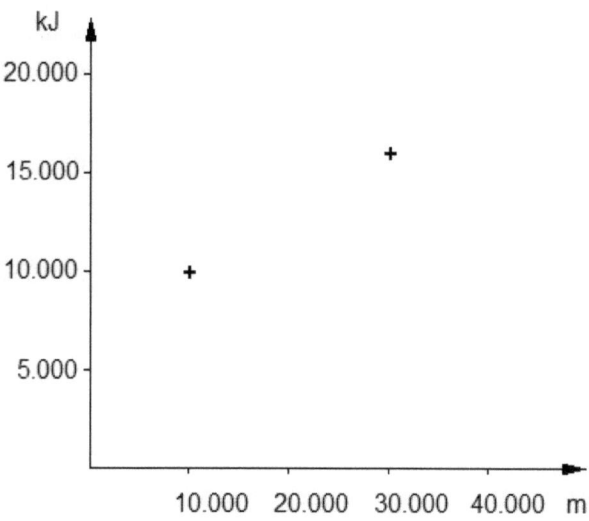

Auch wenn es jeder schon irgendwie ahnt und es sich auch ohne so komplizierte geometrische Übungen mittelschwer errechnen lässt, wir verbrauchen, wenn wir nichts tun, 7.000 kJ am Tag. Und für jede 10.000 m Laufen kommen dann noch 3000 kJ dazu. Man muss also immer ganz schön strampeln für jedes Stück Kuchen, das man da so in sich hineinstopft, aber das nur am Rande.

Und da unsere geliebten Erbsenzähler auch in dieser Lektion pünktlich um die Ecke geschlichen kommen, soll denen gesagt sein, oben genannte Werte sind Durchschnittswerte. Diese schwanken natürlich je nach Alter, Geschlecht, Körpergewicht und meinetwegen auch Tagesform.

Aber wenn solche Werte immer stark schwanken, dann ist doch das Diagramm oben mit den beiden eingezeichneten Werten stark geschönt. Richtigerweise würde ein echtes Diagramm vielleicht so aussehen:

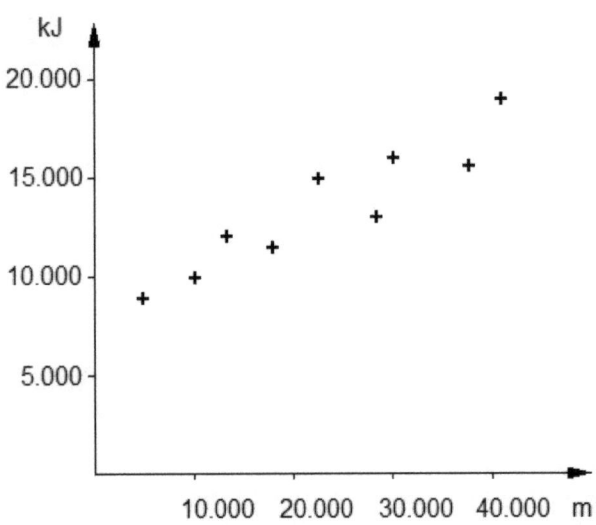

Selbst in einer solchen Punkteanordnung ließe sich ja immer noch ein Trend erkennen. Zumindest mit einem Lineal bewaffnet wären Angaben über die Steigung der Geraden möglich, ebenso ein Schnittpunkt mit der senkrechten Achse. Die Berechnungen dazu sind sicher komplex (ja die kommen noch...), aber in der sowieso schon vorhandenen Unschärfe würde es glatt ausreichen, einfach manuell so eine Linie da durchzuziehen.

Die heile und mathematisch leicht zugängliche Welt ist aber auch hier eine Illusion. Die Wirklichkeit ist undankbar, gehässig, schwer zugänglich und sieht meist wie in diesem Diagramm aus:

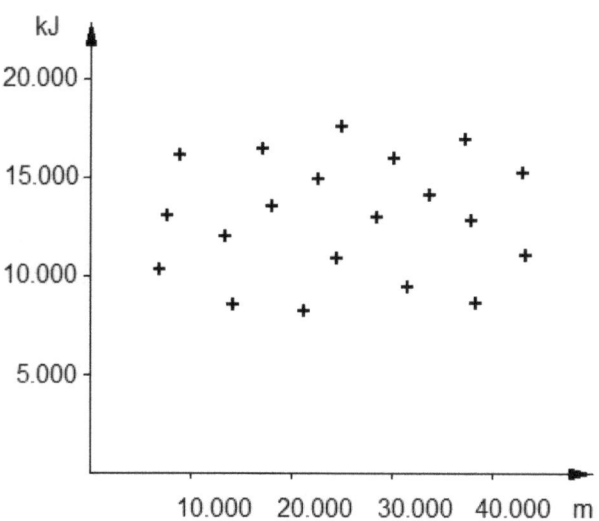

Schweigen macht sich breit. Egal wie man das Lineal da ranhält, es passt immer. Jeder Winkel. Und was machen wir jetzt? Wir könnten uns einfach mal fragen, wie sieht die Mathematik aus, wenn wir nur zwei Punkte haben. Also das, was wir zu Anfang gesehen haben, hier nochmal mit ein paar zusätzlichen Linien dargestellt:

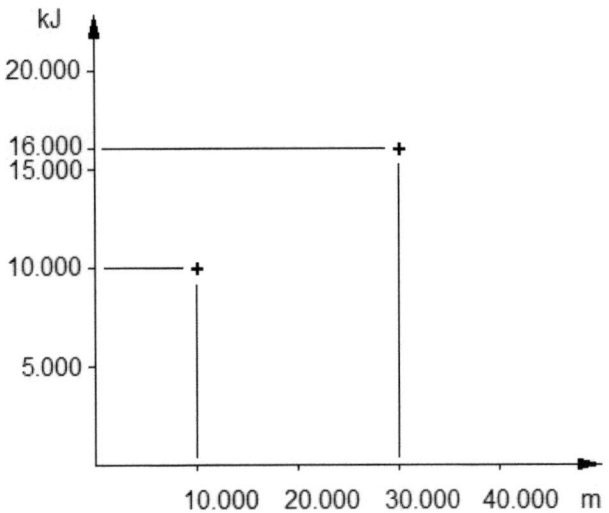

Wir haben also bei 10.000 m und 10.000 kJ sowie bei 30.000 m und 16.000 kJ einen Punkt. Und wenn wir nun davon ausgehen, dass wir es hier wenigstens einigermaßen mit einem linearen Verlauf zu tun haben, ziehen wir doch einfach mal eine Gerade durch diese zwei Punkte.

Also so etwas hier:

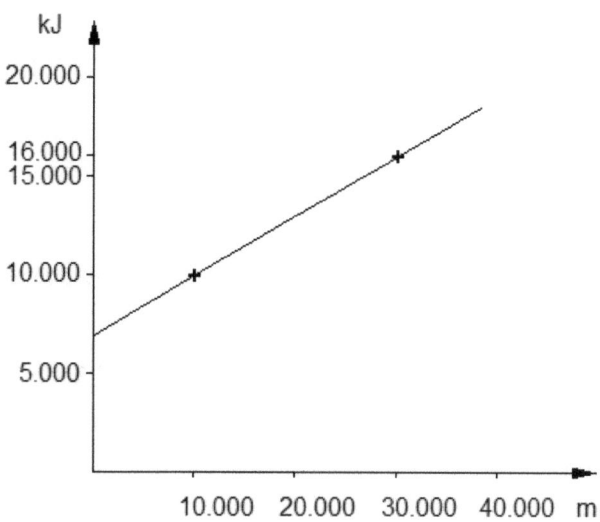

Selbst die 7.000 kJ pro Tag beim "Nichtstun" lassen sich in diesem Diagramm prima ablesen. Und damit wir nicht dauernd mit Linealen herumfuchteln müssen, wollen wir jetzt den mathematischen Zusammenhang, der sich hinter einer solchen Gerade verbirg, ermitteln. Welche mathematischen Gehhilfen hätten wir parat? Eine Gerade, die im Winkel von 45° schräg nach oben verläuft und dabei auch noch den Nullpunkt, also da wo sich die Achsen kreuzen, durchschneidet, hat in einem klassischem x-y-Diagramm die Formel

$y = x$

Diese Erkenntnis mag im ersten Moment nicht sehr hilfreich erscheinen, ist aber ein erster Schritt. Und der zweite Schritt? Der zweite Schritt wäre die Überlegung, wenn die Gerade mal nicht im Winkel von 45° verläuft, was dann? Dann setzen wir dem x einen Faktor vor die Nase:

$$y = a \cdot x$$

Ist dieser Faktor 1, dann steigt die Gerade im Winkel von 45° schräg nach oben. Ist dieser Faktor z.B. 0,5, dann steigt die Gerade nur noch im Winkel von 26,56°. Und wenn dieser Faktor bei 4 liegt, steigt die Gerade im Winkel von 75,96°. Der Faktor a ist sozusagen ein Maß für die Steigung einer Geraden.

Gibt es noch eine weitere Größe, die in einer Formel für eine Gerade in einem Diagramm hilfreich sein könnte? Ja, die gibt es. Die steckt auch schon in unserer Geraden mit den kJ drin. Es ist ein Summand, der beschreibt, um wie viel die Gerade vom Nullpunkt abweicht, wenn der x-Wert bei 0 liegt, in unserem Diagramm sind das die kJ, die wir verbrauchen, wenn wir uns nicht bewegen. Wir nennen diese Größe einfach mal b. Mathematisch gesehen sieht das so aus:

$$y = a \cdot x + b$$

Wir können also mit dieser Formel eine Gerade in einem Diagramm beschreiben. Zwar zunächst nur Buchstaben, jedoch, wenn wir a und b hätten, dann wüssten wir auch ganz genau, wie die Gerade in einem Diagramm verläuft. Und das wäre sogar einfacher als ein Diagramm zu zeichnen. Aber zurück zu unseren Versuch, aus den beiden Punkten die mathematische Beschreibung der Geraden herzustellen. Wie können wir da konkret vorgehen?

Nun, wenn wir eine Gleichung mit einer Unbekannten haben, dann können wir diese durch Umstellerei meist auch lösen. Haben wir zwei Gleichungen mit zwei Unbekannten, dann können wir auch diese Gleichungen lösen. Wie? In dem wir die Werte der beiden Punkte einfach in die beiden Gleichungen einsetzen. Das machen wir mal eben: Mit den Werten

$$x_1 = 10.000 \quad x_2 = 30.000 \quad y_1 = 10.000 \quad y_2 = 16.000$$

und den beiden Formeln

$$y_1 = a \cdot x_1 + b \quad \text{und} \quad y_2 = a \cdot x_2 + b$$

können wir notieren:

$$10.000 = a \cdot 10.000 + b \quad \text{und} \quad 16.000 = a \cdot 30.000 + b$$

Wenn wir jetzt die erste Gleichung nach b umstellen, sieht diese so aus:

$$b = 10.000 - a \cdot 10.000$$

und das setzen wir in die Gleichung $y_1 = a \cdot x_1 + b$ ein, das sieht dann so aus:

$$y_1 = a \cdot x_1 + 10.000 - a \cdot 10.000$$

und wenn wir jetzt noch y_1 und x_1 einsetzen dann steht da

$$10.000 = a \cdot 10.000 + 10.000 - a \cdot 10.000$$

und nach a aufgelöst steht da

$$a = a$$

Mh, das ist ja eine ganz tolle Erkenntnis!
Na gut, Fehler sind Stufen, auf dem der Kluge emporsteigt...

Also die nächste Gleichung:

$$y_2 = a \cdot x_2 + 10.000 - a \cdot 10.000$$

$$16.000 = a \cdot 30.000 + 10.000 - a \cdot 10.000$$

und nach a umgestellt:

$16.000 - 10.000 = a \cdot 30.000 - a \cdot 10.000$

$6.000 = 20.000 \cdot a$

$a = 0,3$

Na also, geht doch. Das hätten wir also schon mal. Jetzt nehmen wir wieder die erste Gleichung, also

$y_1 = a \cdot x_1 + b$

und setzen da unser soeben errechnetes a ein und stellen nach b um. Das sieht dann so aus:

$10.000 = 0,3 \cdot 10.000 + b$

$b = 10.000 - 3.000$

$b = 7.000$

Fertig! Wir haben jetzt unsere Gleichung für die Gerade, die zeigt, wie viel Energie unser Körper benötigt in Abhängigkeit von gelaufenen Metern:

$y = 0,3 \cdot x + 7.000$

mit x als die Anzahl an Metern die wir laufen und y als die Anzahl an kJ die dabei "verheizt" werden.

War gar nicht so schwer möchte man sagen. Das lag aber daran, dass wir - zum Glück - nur zwei Punkte hatten. Denn dann tauchen keine unangenehmen Fragen auf und bei einer geraden Linie, die lediglich zwei Punkte verbindet, sind irgendwelche komischen Knicke, lästige Ungenauigkeiten oder undefinierbare Stellen auch nicht zu erwarten. Eine hübsch zurechtgebastelte Scheinwelt sozusagen.

Der ewige Kampf mit den Diagrammen wird erst dann zu einem schwierigen Kampf, wenn mehr als zwei Punkte da sind. Jedem Punkt haftet eine gewisse Ungenauigkeit an. Wie kriegen wir da ein Bein an den Grund? Wo genau liegt die gemittelte Gerade in einem solchen Diagramm? Dazu basteln wir uns mal wieder ein neues Diagramm, diesmal mit sagen wir mal 4 Punkten:

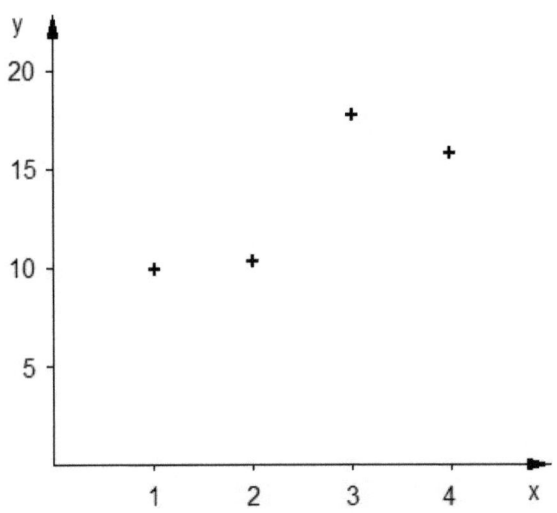

Also etwas einfaches und auf das Wesentliche reduziert. Und in dieses Diagramm zeichnen wir eine Linie ein, mit der wir versuchen, die grobe Richtung unserer vier Punkte wiederzugeben. Ein Linie, die wir da so mitten reinlegen:

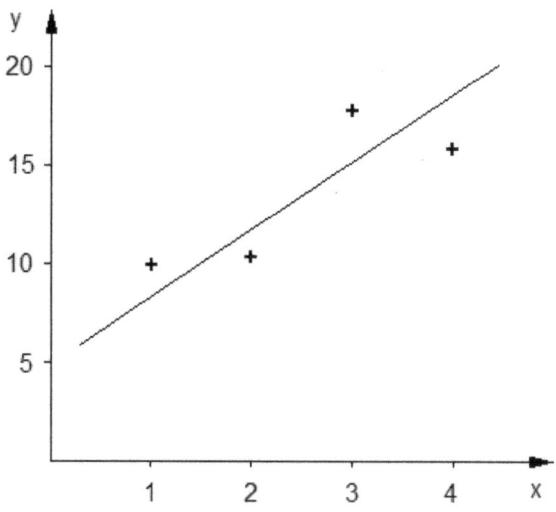

Dann zeichnen wir zu den jeweiligen x-Werten, also diese 1 bis 4, eine Linie von der x-Achse bis zu dieser neu eingezeichneten Linie bzw. bis zu dem Kreuz selbst, das auch gleichzeitig den y-Wert darstellt. Dann, ganz wichtig, zeichnen wir an dieser senkrechten Linie die jeweiligen Abstände von dem eigentlichen Punkt zu dieser idealisierten Gerade. Das sind sozusagen die Abweichungen von den jeweiligen tatsächlichen Punkten zu dieser Geraden. Diese Abweichungen nenne wir einfach mal v.

Das sieht dann so aus:

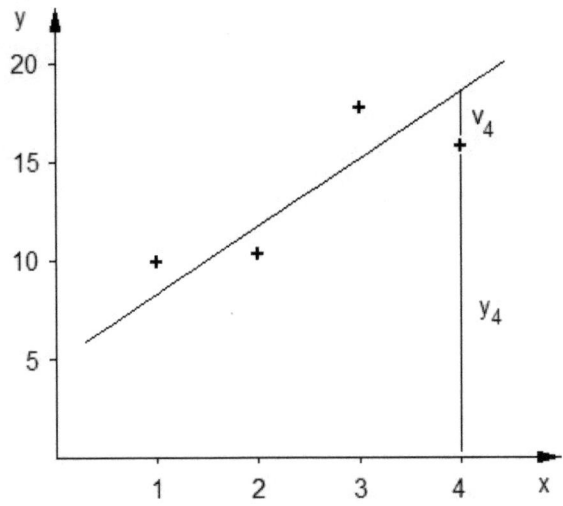

In diesem Falle an der Stelle x_4 ist der senkrechte Abschnitt bis zum tatsächlichem Punkt, also dieses schwarze Kreuz, natürlich der y-Wert, und zwischen dem Punkt und dieser eingezeichneten Geraden ist dieser Abschnitt der v-Wert. Und da wir uns an der Stelle 4 befinden, sind dies jeweils y_4 und v_4

Und da wir nicht nur die Stelle bei $x = 4$ für unsere hier gleich folgenden Berechnungen benötigen, sondern auch alle anderen Stellen, füllen wir mal eine Wertetabelle mit den jeweiligen x und y-Werten. Und auch diese jeweiligen v-Werte schreiben wir in die Tabelle rein.

Das sieht dann so aus:

x_i	1	2	3	4
y_i	10	10,5	17,5	16
v_i	-2	1,5	-2,5	3

Diese v-Werte haben wir aus dem Diagramm oben einfach mal grob abgeschätzt. Diese v-Werte hätten wir auch berechnen können, wenn wir uns vorher eine Formel für eine Gerade ausgedacht hätten, die da ungefähr in das Diagramm reinpasst. Aber egal wie, wir haben jetzt die notwendigen Werte. Und mit diesen Werten machen wir uns jetzt auf dem Weg.

Was genau suchen wir? Eine Linie, bei der alle Abweichungen zusammengezählt so klein wie möglich sind. Etwas mathematischer formuliert, eine Linie, bei der die Summe aller v_i ein Minimum hat. Das klingt verdammt nach diesen Maximal- bzw. Minimalwertaufgaben ...

Und so ist es auch. Wir haben es hier wieder mit Ableitungen zu tun, die wir mit Null gleichsetzen müssen, in diesem Falle sogar aus einer Summe. Aber eins nach dem anderen, zunächst müssen wir aus dieser recht verbalen Aussage uns eine mathematische Formel zurechtbasteln. Und das ist gar nicht so einfach, wie wir nur zu gut wissen.

Aber dafür haben wir ja auch das griechische Alphabet. Da gibt es einen Buchstaben, den sich Mathematiker ausgedacht haben, um eine Summe darzustellen, das große Sigma:

$$\Sigma$$

Wenn wir beispielsweise die Summe aller y-Werte darstellen wollen von 1 bis 4, also wenn n = 4 ist, dann sieht das so aus:

$$\sum_{i=1}^{n} y_i$$

Und in Form einer Gleichung

$$\sum_{i=1}^{n} y_i = y_1 + y_2 + y_3 + y_4$$

So dass, wenn wir obige Werte einfach einsetzen für die Summe, ergibt sich mathematisch hingeschrieben:

$$\sum_{i=1}^{n} y_i = 10 + 10,5 + 17,5 + 16$$

$$\sum_{i=1}^{n} y_i = 54$$

So einfach ist das. Bis jetzt zumindest.

Und wie machen wir das jetzt, wenn wir die Gerade suchen, bei der alle v-Werte am kleinsten sind? Wenn wir die so einfach addieren, kann es sein, das sich die positiven Werte und die negativen Werte bei der Addition gegenseitig aufheben. Das wäre nicht so gut. Irgendwelche Vorschläge? Nun, wir könnten auf die Idee kommen, all diese Werte zunächst zu quadrieren.

Das hätte den Vorteil, dass es keine negativen Abweichungen gibt. Das machen wir mal eben:

x_i	1	2	3	4
y_i	10	10,5	17,5	16
v_i	-2	1,5	-2,5	3
v_i^2	4	2,25	6,25	9

Jetzt könnten wir auf die Idee kommen, solange herumzuprobieren mit der Lage der Geraden im Diagramm und einer daraus resultierenden neuen Tabelle, bis die Summe aller v_i^2 am kleinsten ist. Aber da können wir probieren, bis wir schwarz werden, das dauert ewig. Als richtiger Mathematiker machen wir das natürlich gaaanz anders.

Wir stellen eine Formel auf, machen die erste Ableitung und setzen diese Null. So wie im ersten Buch, in der Lektion mit dem Karton, wo am meisten reingeht.

Aber wie sieht diese verdammte Formel denn jetzt aus?

Nun, wenn wir die Summe aus den Quadraten dieser Abweichungen v_i bilden wollen, müssen wir versuchen, dieses v_i mittels x und y zu beschreiben.

Wir hatten weiter oben festgestellt, dass eine Gerade in einem Diagramm sich beschreiben lässt mittels:

$y = a \cdot x + b$

oder

$y_i = a \cdot x_i + b$

und damit lässt sich dieses v_i darstellen als die Differenz zwischen dem tatsächlichen y_i-Wert und den mittels x_i-Wert und der Formel errechneten y_i-Wert:

$v_i = y_i - a \cdot x_i - b$

Und da wir die jeweiligen Quadrate von diesen v_i addieren wollen, quadrieren wir einfach auf beiden Seiten der Gleichung:

$v_i{}^2 = (y_i - a \cdot x_i - b)^2$

Wenn also

$$\sum_{i=1}^{n} v_i^2 \text{ so klein wie möglich werden soll,}$$

dann soll auch dieses hier so klein wie möglich werden, denn es ist ja haargenau das gleiche:

$$\sum_{i=1}^{n} (y_i - a \cdot x_i - b)^2$$

Das ist ja das Gute an der Mathematik. Wenn das eine gleich dem anderen ist, kann man dafür auch das andere hinschreiben.

Nun müssen wir "lediglich" die 1. Ableitung dieser Formel bilden und diese Null setzen. Aber wie können wir aus einer Summe, noch dazu aus einer recht komplizierten Formel, die 1. Ableitung bilden? Dazu kommt noch, dass wir ja nicht wie üblich nach x ableiten müssen, sondern nach a und b. Das ist einfach zu viel auf einmal. Deswegen eins nach dem anderen, so schwer ist das gar nicht. Wir müssen vor solch einem Problem nicht vor Ehrfurcht erstarren. Wir teilen das Problem wie immer in kleinere, besser verdaulichere Häppchen auf.

Die Ableitung aus einer Summe ist die Summe der einzelnen Ableitungen. Punkt eins wäre schon mal erledigt. Zweitens, die komplizierte Formel erscheint nur deswegen kompliziert, weil wir sie noch nicht zerlegt haben in innere und äußere Funktion.

Wenn wir nach a ableiten wollen, dann ist die innere Funktion dieses a · x und die äußere Funktion dieses $(...)^2$. Die beiden Ableitungen aus den jeweiligen Einzelfunktionen müssen wir dann nur noch miteinander malnehmen. Die Ableitung der inneren Funktion lautet - x und die Ableitung der äußeren Funktion lautet 2.

Wenn wir nach b ableiten wollen, lautet die Ableitung der inneren Funktion -1 und die Ableitung der äußeren Funktion wie bei a ebenfalls 2. Das war's mehr oder weniger. Richtig hingeschrieben sehen diese Ableitungen so aus:

$\Sigma \, 2(y_i - a \cdot x_i - b) \cdot (-x_i)$ für die Ableitung nach a

$\Sigma \, 2(y_i - a \cdot x_i - b) \cdot (-1)$ für die Ableitung nach b

Wenn wir das Maximum oder das Minimum einer Funktion errechnen wollen, müssen wir die 1. Ableitung gleich Null setzen, so war das doch.

D.h.

$$\Sigma\, 2(y_i - a \cdot x_i - b) \cdot (-x_i) = 0$$

$$\Sigma\, 2(y_i - a \cdot x_i - b) \cdot (-1) = 0$$

Jetzt müssen wir nur noch diese beiden Summen bzw. Gleichungen auseinanderfriemeln. Die 2 ziehen wir nach vorne:

$$2 \cdot \Sigma\, (y_i - a \cdot x_i - b) \cdot (-x_i) = 0$$

$$2 \cdot \Sigma\, (y_i - a \cdot x_i - b) \cdot (-1) = 0$$

Und wenn 2 mal irgendwas Null ist, dann ist dieses irgendwas auch dann noch Null, wenn wir die zwei weglassen. Wir lassen natürlich nichts weg sondern wir teilen auf beiden Seiten durch zwei.

$$\Sigma\, (y_i - a \cdot x_i - b) \cdot (-x_i) = 0$$

$$\Sigma\, (y_i - a \cdot x_i - b) \cdot (-1) = 0$$

Jetzt nehmen wir die beiden Klammern miteinander mal:

$$\Sigma\, -x_i \cdot y_i + a \cdot x_i^2 + b \cdot x_i = 0$$

$$\Sigma\, -y_i + a \cdot x_i + b = 0$$

und ordnen das ganze noch ein wenig:

$$\sum a \cdot x_i^2 - x_i \cdot y_i + b \cdot x_i = 0$$

$$\sum a \cdot x_i - y_i + b = 0$$

Zwar im ersten Moment noch komplizierter, jedoch, wenn wir vor jedem Summand das Summenzeichen setzen, wir es gleich einfacher mit dem einsetzen der Werte und dem ausrechnen. Also:

$$\sum a \cdot x_i^2 - \sum x_i \cdot y_i + \sum b \cdot x_i = 0$$

$$\sum a \cdot x_i - \sum y_i + \sum b = 0$$

Was wir jetzt noch machen müssen ist das Einsetzen der tatsächlichen Werte aus der Tabelle für x und y. Das machen wir mal eben für den ersten Term:

$$\sum a \cdot x_i^2 = a \cdot x_1^2 + a \cdot x_2^2 + a \cdot x_3^2 + a \cdot x_4^2$$

$$\sum a \cdot x_i^2 = a \cdot 1^2 + a \cdot 2^2 + a \cdot 3^2 + a \cdot 4^2$$

$$\sum a \cdot x_i^2 = a + a \cdot 4 + a \cdot 9 + a \cdot 16$$

$$\sum a \cdot x_i^2 = 30 \cdot a$$

Die anderen Terme verwandeln sich nach Einsetzen der Werte aus der Tabelle wie folgt:

$$\Sigma x_i \cdot y_i = 1 \cdot 10 + 2 \cdot 10,5 + 3 \cdot 17,5 + 4 \cdot 16$$

$$\Sigma x_i \cdot y_i = 147,5$$

$$\Sigma b \cdot x_i = b \cdot 1 + b \cdot 2 + b \cdot 3 + b \cdot 4$$

$$\Sigma b \cdot x_i = b \cdot 10$$

$$\Sigma a \cdot x_i = a \cdot 1 + a \cdot 2 + a \cdot 3 + a \cdot 4$$

$$\Sigma a \cdot x_i = a \cdot 10$$

$$\Sigma y_i = 10 + 10,5 + 17,5 + 16$$

$$\Sigma y_i = 54$$

$$\Sigma b = b \cdot 4$$

Und damit hätten wir zunächst alles, um zwei Gleichungen mit zwei Unbekannten, nämlich a und b, lösen zu können. Das ganze sieht dann so aus:

$$30 \cdot a - 147{,}5 + 10 \cdot b = 0$$

$$10 \cdot a - 54 + 4 \cdot b = 0$$

Und das lässt sich jetzt natürlich mittels Algebra ganz prima lösen. Wir könnten z.b. die untere Gleichung mit 3 malnehmen und dann von der oberen Gleichung abziehen, dann fliegt das a schon mal raus.

Also so etwas hier:

$$30 \cdot a - 147{,}5 + 10 \cdot b = 0$$
$$-30 \cdot a + 162 - 12 \cdot b = 0$$
$$\overline{}$$
$$14{,}5 - 2 \cdot b = 0$$

$$b = 7{,}25$$

Der Rest ist einfach, b in die obere Gleichung eingesetzt:

$30 \cdot a - 147{,}5 + 10 \cdot 7{,}25 = 0$

$30 \cdot a = 147{,}5 - 10 \cdot 7{,}25$

$a = 2{,}5$

Und daraus folgt endlich eingesetzt in unsere Formel zur Berechnung der kJ, die wir verheizen, wenn wir soundsoviele m laufen

$y = 2{,}5 \cdot x + 7{,}25$

Fertig!

Der Weg war mühsam, aber es hat sich gelohnt. Ab jetzt haben Diagramme mit Wolken aus Punkten, die aussehen, als hätte man mit einer Schrotflinte drauf geschossen, ihren Schrecken verloren.

Warum fürchten Kinder Mathematik? Wegen des falschen Ansatzes. Weil es als Schulfach betrachtet wird.
Shakuntala Devi

Die sechste Lektion

Wir springen aus dem Flugzeug

Natürlich springen wir nicht wirklich aus dem Flugzeug. Aber in Gedanken. So ähnlich wie bei James Bond, der auch in den wildesten Gefechten selbst vor der dritten Dimension in Anzug und Krawatte keine Scheu zeigt. Also, auf geht's, raus an die frische Luft in 10.000 Meter Höhe. Mutige Mathematiker die wir sind, natürlich komplett ohne Fallschirm, ohne Netz und ohne doppelten Boden - aber mit Verstand - reißen wir die Flugzeugtür auf und stürzen uns ins kühle nichts.

Was passiert da in dem Moment?

Mal abgesehen von den Schwierigkeiten, die wir beim Atmen dieser ziemlich dünnen Höhenluft kriegen und den Minusgraden die uns das Lächeln im Gesicht gefrieren lässt, fallen wir. Immer tiefer und zunächst auch immer schneller. Warum immer schneller? Na ja, ganz einfach, weil wir von der Erd-anziehungskraft angezogen werden und dann irgendwie anfangen, in die Tiefe zu fallen. Wie vom 3 Meter-Brett im Hallenbad. Die Fallgeschwindigkeit fängt bei Null an und erhöht sich dann sehr schnell.

Um wie viel?

Die üblichen Hand- und Taschenbücher, nach denen man voreilig greift, haben dann auch gleich allerlei Formeln parat. Entweder für die Fallgeschwindigkeit nach der Zeit t, oder die Fallzeit, wenn das Flugzeug so und so hoch fliegt und natürlich auch für die Beschleunigung a usw. Aber meist alles so Formeln, wo im Kleingedruckten dann sowas wie "der Luftwiderstand wurde vernachlässigt" steht.

Und warum können wir nicht einfach den Luftwiderstand vernachlässigen? Beim Sprung vom 3 Meter-Brett im Hallenbad stört uns die Luft doch auch nicht. Könnten wir ja behaupten. Aber das 3 Meter-Brett ist ja auch nur 3 Meter hoch. Würden wir von einem sagen wir mal 300 Meter-Brett springen, könnten wir dann etwas vom Luftwiderstand merken? Beeinflusst der Luftwiderstand dann unsere Geschwindigkeit beim fallen? Das wollen wir hier erst mal feststellen.

Aller Anfang ist schwer, das gilt bestimmt auch für den Sprung aus dem Flugzeug. Aber, wie so oft, wenn wir ein Problem in mehrere kleinere Problemchen zerlegen, erscheinen diese kleineren Problemchen meist überwindbarer. Wir lassen den Luftwiderstand mal weg, aber zunächst nur zur Verdeutlichung. Dann sieht das mit der Fallgeschwindigkeit v so aus:

$$v = \sqrt{2 \cdot g \cdot h}$$

mit g als die Erdbeschleunigung und h als die Höhe, in der sich unser Flugzeug befindet.

Dass wir das g Erdbeschleunigung nennen, ist zunächst verwirrend. Die Erde scheint ja nicht wirklich zu beschleunigen. Das ist aber physikalisch richtig, und zwar deswegen, weil sich Gravitation genauso anfühlt wie eine Beschleunigung. Ja, das ist so. Wenn wir uns in einem Fahrstuhl reinstellen, könnten wir von innen heraus nicht feststellen, ob der Fahrstuhl frei im Weltraum schwebend gerade nach "oben" beschleunigt oder hier auf der Erde zwischen dem 17. und 18. Stock stecken geblieben ist und sich nicht mehr rührt. Wer es genau wissen will, muss sich mit so komischen Dingen wie Raumkrümmung und Gravitationsfelder auseinander setzen. Aber dann wird diese Lektion garantiert so was wie die Unvollendete, denn das Thema kriegen wir hier nicht mehr untergebracht. Das füllt richtig dicke Bücher. So, weiter. Wenn wir jetzt mal so zum Spaß übliche Werte in die Gleichung oben einsetzen, dann kommt folgendes dabei raus:

Wenn

g die Erdbeschleunigung mit 9,81 m/s² ist

und

h die Höhe, in der sich unser Flugzeug befindet, soll mal 10.000 m betragen:

dann ist

$$v = \sqrt{2 \cdot 9{,}81 \cdot 10000}$$

$$v = 443\ m/s$$

oder

$$v = 1595\ km/h$$

Ohne Luftwiderstand wohl gemerkt. Selbst ein Fallschirmspringer würde - ohne den Luftwiderstand - mit Überschallgeschwindigkeit heftig auf die Erde krachen.

Wie groß ist denn der bremsende Luftwiderstand? Es gibt da eine Formel zur Berechnung dieses Luftwiderstandes:

$$F_w = c_w \cdot \rho \cdot A \cdot v^2 / 2$$

Diese Widerstandskraft F_w ist die Kraft, die man aufwenden müsste, wollte man einen Körper mit einem bestimmten c_w-Wert (das ist der Luftwiderstandsbeiwert) durch ein Medium mit der Dichte ρ, mit der Geschwindigkeit v und der Querschnittsfläche A schieben.

Aber selbst, wenn wir mit obiger Gleichung die Widerstandskraft ausrechnen, hilft uns das nicht wirklich beim Versuch, die Fallgeschwindigkeit inklusive Luftwiderstand zu berechnen. Irgendwie müssen wir Versuchen, die beiden Gleichungen zu verbinden. Aber wie? Wir müssen da nach Gemeinsamkeiten suchen. Es gibt da ein Sachverhalt, der könnte uns aus der Patsche helfen. Die berühmte Formulierung "Kraft ist Masse mal Beschleunigung" schreiben wir mal mathematisch hin:

$$F = m \cdot a$$

oder, weil mit der Beschleunigung hier die "Erdbeschleunigung" gemeint ist:

$$F = m \cdot g$$

Und genau diese Kraft ist ja auch gleich der Kraft, die am Ende aufgebracht werden muss, um unseren Körper durch die Luft nach unten zu "schieben".

Also sowas wie

$$F_K = F_W$$

Damit könnten wir zumindest schon mal das Gleichgewicht, also den Zustand, wo unsere eigene Gewichtskraft genau so groß ist wie die "Widerstandskraft", die unser Körper beim durchfliegen durch die Atmosphäre erfährt, ausrechnen. Das setzen wir jetzt einfach mal gleich, also

$$m \cdot g = c_W \cdot \rho \cdot A \cdot v^2 / 2$$

Wir haben hiermit also eine Gleichung, mit der wir die Geschwindigkeit ausrechnen können, die wir erreichen, wenn wir uns im Gleichgewicht befinden. Und Gleichgewicht heißt in diesem Falle, wenn sich nichts mehr verändert. D.h., wenn wir nicht mehr beschleunigen, also die Maximalgeschwindigkeit im freiem Fall erreicht haben.

Wenn wir diese Gleichgewichtsformel nach der Geschwindigkeit umstellen, dann sieht das so aus:

$$v = \sqrt{\frac{2 \cdot m \cdot g}{c_W \cdot \rho \cdot A}}$$

Und wenn wir für die einzelnen Größen nachfolgende Werte einsetzen, nämlich

m = 75 kg (ja, ist geschummelt)

g = 9,81 m/s²

A = 0,5 m² (wir fallen liegend...)

c_w = 0,8

ρ = 1,2 kg/m³

Erhalten wir für die maximale Fallgeschwindigkeit

v = 55,4 m/s

Oder knapp 200 km/h. Mit zweihundert Sachen rasen wir also dem Erdboden entgegen. Natürlich kann man darüber streiten, ob denn der c_w - Wert vielleicht doch eher bei 0,6 liegt (weil strömungsgünstiger...) und das Gewicht eigentlich viel höher ist. Mit der richtigen Formel ist das alles kein Problem, wir müssen die Werte einfach nur einsetzen.

Jedoch, und das ist das Entscheidende, auch wenn sich die maximale Fallgeschwindigkeit ändert, das Prinzip bleibt.

So, und da unser eigentliches Ziel ja ist, eine Formulierung zu finden, die beschreibt, wie sich unsere Fallgeschwindigkeit über die Zeit verändert, ist diese Lektion hier noch lange nicht zu Ende. Die Frage ist ja durchaus legitim und die Antwort darauf lässt jedem Nichtmathematiker vor Ehrfurcht erzittern, während wir hier entspannt zu Werke gehen.

Im Raume steht natürlich zuerst die Frage, welche Gleichung ist die richtige? Wir hatten vorhin die Gleichung für die Geschwindigkeit aufgestellt:

$$v = \sqrt{\frac{2 \cdot m \cdot g}{c_w \cdot \rho \cdot A}}$$

diese hatten wir hergeleitet aus der Kräftegleichung:

$$m \cdot g = c_w \cdot \rho \cdot A \cdot v^2 / 2$$

Und wenn wir ehrlich sind, müssten wir zugeben, dass diese letzte Gleichung nur für den Endzustand gilt, also dann, wenn sich die Geschwindigkeit nicht mehr erhöht. Das war vorhin nicht falsch, wir wollten ja die Endgeschwindigkeit berechnen. Aber dadurch, dass wir die Formel schon in den "Endzustand" gebracht hatten, hatten wir auch gleichzeitig die Formel geflissentlich übergangen, mit der wir den *Verlauf* der Geschwindigkeit über die Zeit hätten darstellen können. Das wollen wir hier erst mal nachholen. Wie sieht denn nun so eine komplette und vollständige Formel aus?

Wenn wir aus dem Flugzeug springen, wirken auf uns zwei Kräfte: Unsere eigene, nach unten gerichtete Gewichtskraft und die Kraft, die genau in entgegengesetzter Richtung wirkt, nämlich die Widerstandskraft. Diese setzt sich zusammen aus dem geschwindigkeitsabhängigen Strömungswiderstand und der eigenen Massenträgheit, denn wir selbst sind ja auch sozusagen eine träge Masse, die nur mit Mühe bewegt werden kann. Wenn nun F_G die Gewichtskraft, F_M die Kraft auf Grund der Massenträgheit und F_W die Strömungswiderstandskraft ist, dann sieht die vollständige Gleichung so aus:

$$F_G = F_M + F_W$$

und durch die einzelnen Größen ersetzt:

$$m \cdot g = m \cdot a + c_W \cdot \rho \cdot A \cdot v^2 / 2$$

wobei das a auf der rechten Seite für unsere eigentliche Beschleunigung steht. Und genau an dieser Formel müssen wir noch ein wenig dran herumbasteln. Aber wie bloß? Wer da jetzt genau hinsieht und auch zu denen gehört, die sich an die elfte Lektion aus dem ersten Buch, also die mit dem abkühlenden Kaffee, erinnert, wird auch hier wieder mit Grausen an etwas denken. Schon wieder stecken in den Gleichungen mehrmals die selben Faktoren drin. Diesmal ist es die Geschwindigkeit, und die auch noch so "im Quadrat".

Also, da bleibt uns jetzt nichts anderes übrig als "Ärmel hochkrempeln und los". Wenn wir uns diese Beschleunigung ansehen, also dieses a in obiger Formel, könnten wir auf die Idee kommen, dieses a durch etwas zu ersetzen, was das Gleiche ist. Das kann man immer machen. Wenn Beschleunigung die Geschwindigkeitszunahme pro Zeit ist, könnten wir für dieses a auch schreiben:

$$a = v/t$$

Dann wird aus obiger Gleichung

$$m \cdot g = m \cdot v/t + c_w \cdot \rho \cdot A \cdot v^2 / 2$$

Diese Gleichung stellen wir noch ein klein wenig um, damit dieses v/t alleine steht:

$$m \cdot v/t = m \cdot g - c_w \cdot \rho \cdot A \cdot v^2 / 2$$

Und teilen alles noch durch die Masse m:

$$v/t = g - c_w \cdot \rho \cdot A \cdot v^2 /(2 \cdot m)$$

Haben wir jetzt alles? Es sieht zumindest danach aus. Dummerweise kriegen wir es nicht hin, die Gleichung so umzustellen, dass am Ende v = ... steht. Das klappt nicht. Ist das ein Problem? Ja. Während des Sinkfluges erhöht sich die Geschwindigkeit nach einer gewissen Zeit, also sowas ähnliches wie dieses hier:

$$\Delta v/\Delta t = g - c_w \cdot \rho \cdot A \cdot v^2 /(2 \cdot m)$$

Aber eigentlich - und das ist ja immer der Knackpunkt bei diesen Sachverhalten - stimmt es nicht ganz, was da steht mit diesen Δv und Δt. Denn sobald auch nur ein winzig kleiner Zeitabschnitt verstrichen ist, hat sich die Geschwindigkeit minimal verändert, so dass die Kraft, die vom Luftwiderstand abhängig ist, sich auch, wenn auch minimal, mit verändert hat. Die Gleichung wird dadurch unbrauchbar. Na ja, zumindest aber ungenau.

Was können wir da machen? Nun, eines können wir mit Sicherheit behaupten: Je kleiner der Zeitabschnitt, den wir wählen, desto genauer die Gleichung. Also, machen wir dieses Δt und das Δv doch einfach unendlich klein, wie immer! Wir schreiben dann statt dem Δ davor einfach ein kleines d. Also das hier:

$$dv/dt = g - c_W \cdot \rho \cdot A \cdot v^2 / (2 \cdot m)$$

Den Zeitabschnitt haben wir jetzt so unendlich klein gemacht, dass innerhalb dieses unendlich kleinen Zeitabschnittes sich die Geschwindigkeit auch nur "unendlich wenig" verändert. Die Gleichung ist jetzt wieder richtig. Was wissen wir noch? Die Beschleunigung ist dann Null, wenn die Endgeschwindigkeit, nennen wir die mal v_E, erreicht wird. Also sowas hier:

$$0 = g - c_W \cdot \rho \cdot A \cdot v_E^2 / (2 \cdot m)$$

Umgestellt sieht das so aus:

$$g = c_W \cdot \rho \cdot A \cdot v_E^2 / (2 \cdot m)$$

Und wenn wir das oben in die Gleichung an Stelle von g einsetzen, haben wir folgendes vor uns:

$$dv/dt = c_W \cdot \rho \cdot A \cdot v_E^2 / (2 \cdot m) - c_W \cdot \rho \cdot A \cdot v^2 / (2 \cdot m)$$

Und damit das Ganze nicht noch unübersichtlicher wird, bringen wir noch ein wenig Ordnung da rein:

$$dv/dt = c_W \cdot \rho \cdot A/(2 \cdot m) \cdot (v_E^2 - v^2)$$

Jetzt können wir nämlich die Sache mit den Geschwindigkeiten nach links bringen und das dt nach rechts rüber:

$$\frac{dv}{v_E^2 - v^2} = \frac{c_W \cdot \rho \cdot A}{2 \cdot m} \cdot dt$$

Die Frage drängt sich förmlich auf, warum um Himmels Willen machen wir hier diesen ganzen Zinnober? Ja, weil wir endlich eine Gleichung aufschreiben wollen, die den Geschwindigkeitsverlauf in Abhängigkeit von der Zeit beim Fallen aus dem Flugzeug beschreibt. Und dieses dv und dt kriegen wir nur durch Integrieren weg. Und dafür muss die Gleichung auf beiden Seiten integrierbar sein. Wie bitte? Ja, integrierbar, das kennen wir doch schon. Das ist sozusagen das Addieren aller dieser unendlich kleinen Abschnitte.

Dadurch lösen wir diese Gleichung. Und wenn wir Glück haben, finden wir in eines dieser mathematischen Nachschlagewerke sogar ein passendes Grundintegral.

Grundintegrale sind Integrale, die fleißige Mathematiker vor uns schon gelöst und für uns aufgeschrieben haben. Da muss man nicht selbst irgendwelche schwierigen Wege beschreiten. Das ist so ähnlich wie wenn man Brot backen will. Da nimmt man sich ein Backbuch und sucht sich ein passendes Rezept aus. Ein Rezept, dass fleißige Bäcker vor uns schon gebacken, getestet und für uns aufgeschrieben haben.

Nun, und wie sieht unsere Gleichung denn nun aus, wenn wir auf beiden Seiten integrieren wollen? Die sieht so aus:

$$\int \frac{dv}{v_E{}^2 - v^2} = \int \frac{c_W \cdot \rho \cdot A}{2 \cdot m} \cdot dt$$

Konstanten können immer aus dem Integral nach vorn geholt werden

$$\int \frac{dv}{v_E{}^2 - v^2} = \frac{c_W \cdot \rho \cdot A}{2 \cdot m} \int dt$$

und richtigerweise mit den einzusetzenden Grenzen haben wir folgendes:

$$\int_{v_0}^{v} \frac{dv}{v_E^2 - v^2} = \frac{c_w \cdot \rho \cdot A}{2 \cdot m} \int_{t_0}^{t} dt$$

wobei die Anfangsgeschwindigkeit v_0 natürlich 0 ist und die Anfangszeit t_0 auch 0 ist. Und während das Integral von dt gleich t ist, also sowas hier

$$\int dt = t$$

ist die linke Seite etwas schwieriger zu lösen.

Wir müssen dafür ein vergleichbares Integral finden in den Nachschlagewerken. Üblicherweise werden in diesen Nach-schlagewerken bei den allgemeinen Integralen fast immer die Buchstaben x und dx verwendet und für weitere Faktoren auch schon mal der Buchstabe a. Folgendes Integral mit einer für uns passenden Lösung lässt sich hier finden:

$$\int \frac{dx}{a^2 - x^2} = \frac{1}{2 \cdot a} \cdot \ln \frac{a + x}{a - x}$$

auf unseren Sachverhalt umgeschrieben sieht das ganze dann so aus:

$$\int \frac{dx}{v_E^2 - v^2} = \frac{1}{2 \cdot v_E} \cdot \ln \frac{v_E + v}{v_E - v}$$

Jetzt haben wir beide Integrale gelöst! Wir sollten diese vorsichtshalber nochmal hinschreiben mit den jeweiligen noch einzusetzenden Grenzen. Diese werden nach dem Integrieren an so eine senkrechte Linie geschrieben:

$$\frac{1}{2 \cdot v_E} \cdot \ln \frac{v_E + v}{v_E - v} \Bigg|_{v_0}^{v} = \frac{c_w \cdot \rho \cdot A}{2 \cdot m} \cdot t \Bigg|_{t_0}^{t}$$

D.h. wir müssen bei den Termen jeweils die obere Grenze einsetzen, also hier das v und das t und dann von diesen die Terme mit der eingesetzten unteren Grenze, also hier v_0 und t_0 abziehen. Da sowohl die Anfangsgeschwindigkeit v_0 als auch die

128

Anfangszeit t_0 gleich Null sind, können wir für den ersten Term schreiben:

$$\frac{1}{2 \cdot v_E} \cdot \ln \frac{v_E + v}{v_E - v} - \frac{1}{2 \cdot v_E} \cdot \ln \frac{v_E}{v_E}$$

und da v_E geteilt durch v_E soviel wie 1 ist und der Logarithmus von 1 gleich 0 ist, bleibt für den ersten Term nur übrig

$$\frac{1}{2 \cdot v_E} \cdot \ln \frac{v_E + v}{v_E - v}$$

Das Gleiche geschieht auch mit dem zweiten Term, da bleibt über:

$$\frac{c_w \cdot \rho \cdot A}{2 \cdot m} \cdot t$$

So dass unsere Gleichung nach dem Integrieren und dem Einsetzen der Werte wie folgt aussieht:

$$\frac{1}{2 \cdot v_E} \cdot \ln \frac{v_E + v}{v_E - v} = \frac{c_w \cdot \rho \cdot A}{2 \cdot m} \cdot t$$

Da stellen wir noch ein wenig dran rum. Zunächst so, dass dieser natürliche Logarithmus ln alleine auf einer Seite steht:

$$\ln \frac{v_E + v}{v_E - v} = 2 \cdot v_E \cdot \frac{c_w \cdot \rho \cdot A}{2 \cdot m} \cdot t$$

Dann, wenn wir diesen natürlichen Logarithmus ln weg haben wollen, müssen wir beide Seiten der Gleichung als Exponent der Eulerschen Zahl e notieren:

$$e^{\ln \frac{v_E + v}{v_E - v}} = e^{2 \cdot v_E \cdot \frac{c_w \cdot \rho \cdot A}{2 \cdot m} \cdot t}$$

Und wenn

$$e^{\ln(x)} = x$$

dann ist auch

$$\frac{v_E + v}{v_E - v} = e^{2 \cdot v_E \cdot \frac{c_w \cdot \rho \cdot A}{2 \cdot m} \cdot t}$$

Das sieht zwar alles nicht unbedingt danach aus, als hätten wir endlich eine übersichtliche Gleichung vor uns, aber wir sind ja auch noch nicht am Ende. An der Gleichung stellen wir noch ein wenig dran rum

$$v_E + v = (v_E - v) \cdot e^{\displaystyle 2 \cdot v_E \cdot \frac{c_w \cdot \rho \cdot A}{2 \cdot m} \cdot t}$$

Das geht dann noch ein wenig hin und her mit der Umstellerei, bis wir dieses Szenario erreichen:

$$v = v_E \; \frac{e^{\displaystyle 2 \cdot v_E \cdot \frac{c_w \cdot \rho \cdot A}{2 \cdot m} \cdot t} - 1}{e^{\displaystyle 2 \cdot v_E \cdot \frac{c_w \cdot \rho \cdot A}{2 \cdot m} \cdot t} + 1}$$

Und wenn wir jetzt auch noch die Formulierung für die vorhin errechnete Endgeschwindigkeit, nämlich

$$v_E = \sqrt{\frac{2 \cdot m \cdot g}{c_w \cdot \rho \cdot A}}$$

in die Gleichung oben einsetzen, dann wären wir eigentlich fertig und diese Riesenformel würde dann so aussehen:

$$v = \sqrt{\frac{2 \cdot m \cdot g}{c_w \cdot \rho \cdot A}} \cdot \frac{e^{2 \cdot \sqrt{\frac{2 \cdot m \cdot g}{c_w \cdot \rho \cdot A}} \cdot \frac{c_w \cdot \rho \cdot A}{2 \cdot m} \cdot t} - 1}{e^{2 \cdot \sqrt{\frac{2 \cdot m \cdot g}{c_w \cdot \rho \cdot A}} \cdot \frac{c_w \cdot \rho \cdot A}{2 \cdot m} \cdot t} + 1}$$

Auch nicht gerade besser...

Aber Eins nach dem Anderen. Wenn wir genauer hinsehen, dann müssten wir da eine mögliche Vereinfachung erkennen. Wir können das, was noch nicht unter der Wurzel steht, dadrunter stellen wenn wir es quadrieren.

Das sieht so aus:

$$\sqrt{\frac{2 \cdot m \cdot g \cdot (c_w \cdot \rho \cdot A)^2}{c_w \cdot \rho \cdot A \cdot (2 \cdot m)^2}}$$

Und dann kürzt sich nämlich einiges raus, das sieht dann so aus:

$$\sqrt{\frac{g \cdot c_w \cdot \rho \cdot A}{2 \cdot m}}$$

Das wiederum in die Riesenformel eingesetzt ergibt folgendes:

$$v = \sqrt{\frac{2 \cdot m \cdot g}{c_w \cdot \rho \cdot A}} \cdot \frac{e^{2 \cdot \sqrt{\frac{g \cdot c_w \cdot \rho \cdot A}{2 \cdot m}} \cdot t} - 1}{e^{2 \cdot \sqrt{\frac{g \cdot c_w \cdot \rho \cdot A}{2 \cdot m}} \cdot t} + 1}$$

Und eigentlich ist die Formel jetzt fertig. Aber eben nur eigentlich, denn da gibt es noch was. Darauf zu kommen ist schon mal nicht ganz einfach, aber, und das verraten mathematische Nachschlagewerke auch noch, können wir hier noch etwas vereinfachen. Da gibt es nämlich folgendes:

$$\tanh x = \frac{e^x - e^{-x}}{e^x + e^{-x}}$$

Dieser tanh ist so eine Art Hyperbelfunktion, nennt sich auch Tangens Hyperbolicus. Ist in gewisser Weise dem "normalen" Tangens ähnlich. Ist etwas komplizierter aber nicht weltfremd. Immerhin bildet beispielsweise eine durchhängende Kette die Linie der grafischen Darstellung des cosh, also des Cosinus Hyperbolicus, nach. Steht auch alles wunderbar beschrieben in der siebten Lektion ab Seite 139.

Jedenfalls sieht dieses Gebilde, also da wo über und unter dem Bruchstrich dieses e^{-x} auftaucht, unserer Formel verdammt ähnlich. Wenn wir diese riesige Wurzel, die mit der Zeit t mal genommen wird, ersetzen durch x, dann steht da folgendes:

$$v = v_E \cdot \frac{e^{2x} - 1}{e^{2x} + 1}$$

Und wie schaffen wir das, hier nun etwas ersetzen zu können, damit wir irgendwie in Richtung tanh kommen? Mit nur ähnlichen Dingen kommen wir ja nicht wirklich weiter, das muss schon passen. Nun, wir könnten auf die Idee kommen, den Bruch mit

$$\frac{e^{-x}}{e^{-x}}$$

zu erweitern, das ist als würden wir mit 1 malnehmen, und das können wir ja immer bedenkenlos tun:

$$v = v_E \cdot \frac{e^x - e^{-x}}{e^x + e^{-x}}$$

und dann können wir unsere Formel kräftig schrumpfen:

$$v = v_E \cdot \tanh x$$

Und jetzt wieder das x durch die Wurzel ersetzen:

$$v = v_E \cdot \tanh \left(\sqrt{\frac{g \cdot c_w \cdot \rho \cdot A}{2 \cdot m}} \cdot t \right)$$

Fertig!

Das wäre geschafft! Wir können jetzt mal prüfen, ob die Gleichung richtig ist durch Einsetzen von einigen Werten für die Zeit t. Z.B. müsste zum Zeitpunkt t = 0 auch v = 0 sein. Und das ist es in der Tat:

$$\tanh(0) = 0$$

Und für sagen wir mal 3 Sekunden mit den Werten auf Seite 108 eingesetzt:

$$\tanh(0,531) = 0,487$$

Da dieser tanh mit der Endgeschwindigkeit malgenommen wird, ist dieser Wert sozusagen ein "Prozentsatz" der Endgeschwindigkeit. Wir könnten sagen, wir erreichen 48,7% der Endgeschwindigkeit nach 3 Sekunden. Und nach 10 Sekunden haben wir schon 94,4% der Endgeschwindigkeit erreicht. Geht also doch ziemlich schnell mit dem freien Fall durch die Luft in Richtung Erde.

Gewiss, es gibt wohl kaum jemanden, der nach der Lektüre dieses Kapitels leise vor sich hinmurmelt "ah, so ist das, jetzt verstehe ich es". Die Mathematik zu diesem Thema ist in der Tat schwierig und wir mussten einen langer Weg durchschreiten.

Schnell geht da die mathematische Puste aus. Mehrere Aspekte mussten wir dabei berücksichtigen. Physik, Algebra und vor allem der Umgang mit Differential- bzw. Integralrechnung.

Entscheidend jedoch scheint die Erkenntnis, zunächst einfache Sachverhalte, also ganz einfach gestellte Fragen, können unter Umständen eine richtig aufwendige Mathematik nach sich ziehen.

Mach' dir keine Sorgen wegen deiner Schwierigkeiten mit der Mathematik. Ich kann dir versichern, dass meine noch größer sind.
Albert Einstein

Die siebte Lektion
Die Hochspannungsleitung über dem Fluss

Heutzutage wird ja viel diskutiert über Energieversorgung. Überall stehen Windkraftanlagen herum, zuverlässige und saubere Kernkraftwerke werden abgeschaltet, die Kohleenergie wird verteufelt und auf jedem Dach sollen doch bitteschön Solaranlagen, also eigentlich diese Photovoltaikanlagen, montiert werden. Auch hier ganz im Norden. Und insbesondere sollen natürlich riesige Offshorewindparks mit zig Windkraftanlagen im Meer aufgestellt werden. Die sollen genügend Strom liefern, ohne dass sich jemand darüber beschwert. Außerdem ist auf See ja meist mit genügend Wind zu rechen.

Nun, sicherlich kann und soll man über all diese Maßnahmen leidenschaftlich streiten. Das ist wichtig und gehört zu einer lebendigen Gesellschaft dazu. Und wie immer, sollte man nicht vergessen, dass Strom, so wir wir ihn brauchen, zumindest nicht so einfach mit LKW, Schiff oder Bahn transportiert werden kann. Strom fließt durch elektrische Leiter. Also z.B. durch diese ungeliebten Hochspannungsleitungen, die keiner in seiner Nähe haben will. Da sind Spannungen von mehreren tausend Volt drauf, da sollte man nicht den Finger ran halten.

Ja, Strom fließt natürlich nicht nur durch Kabel aus Metall, am liebsten Silber. Das hat einen sehr geringen elektrischen Widerstand. Strom kann auch durch die Luft fließen. Zum Beispiel an der Zündkerze eines Otto-Motors, da fließt der Strom mit einer Spannung von etwa 10.000 Volt durch den Luftspalt von weniger als 1 mm. Bei einem Blitz am Himmel fließt der Strom durch die Luft mehrere hundert Meter. Aber dafür hat der Blitz auch eine Spannung von einigen Millionen Volt. Und unser Hochspannungskabel?

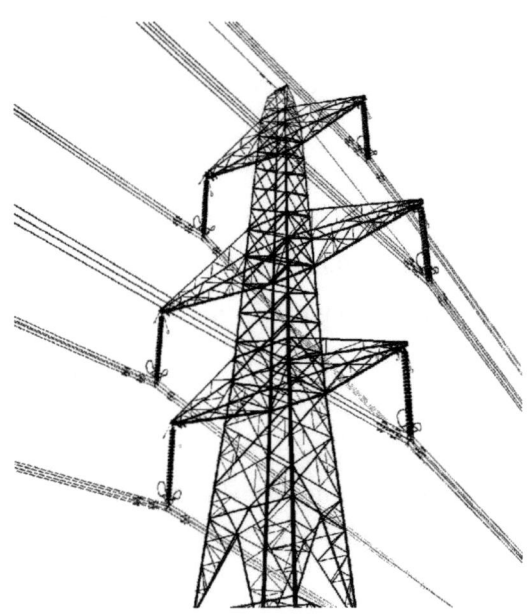

Immerhin bis zu 380.000 Volt. Nun, im Land der Vorschriften und Verordnungen gibt es selbstverständlich auch dafür genug Hinweise, wie weit man sich von einer Hochspannungsleitung fern halten sollte. Und wir reden hier nicht von Elektrosmog. Es sind bei 380.000 Volt mindestens 5 m für nicht eingewiesene Personen. Für Hochspannungsleitungen über schiffbare Kanäle und Flüsse gibt es natürlich noch weitere Regelungen, vielleicht sogar mehr als es Hochspannungsleitungen über Flüsse gibt.

Hier und da liest man so Entfernungen von 18 m und ähnliches. Nun ja, das ist ja mal eine Aussage. Und wir sind schon wieder mitten drin in einem neuen Sachverhalt, den es zu lösen gilt. Was ist das für ein Sachverhalt?

Wir haben eine Hochspannungsleitung, die über einen Fluss läuft und an beiden Ufern stehen diese turmhohen, filigranen Masten. Diese Masten sind - wie fast immer - alle gleich hoch und die Höhe des Hochspannungskabels am Mast haben wir natürlich auch. Was wir nicht haben, ist die Höhe des Kabels über den Wasserspiegel. Sozusagen die lichte Höhe des Kabels über dem Fluss. Und gerade die müssen wir ermitteln, weil wir wissen wollen, ob dieses eine Schiff da unter durch passt.

Nun, ein physikalischer Sachverhalt sei natürlich erwähnt, der Schlüssel zu diesem gesamten Kapitel, das Kabel hängt durch wie diese berühmte Kettenlinie:

Und diese Kettenlinie in unser klassisches Diagramm importiert und auf das Wesentliche reduziert, sieht so aus:

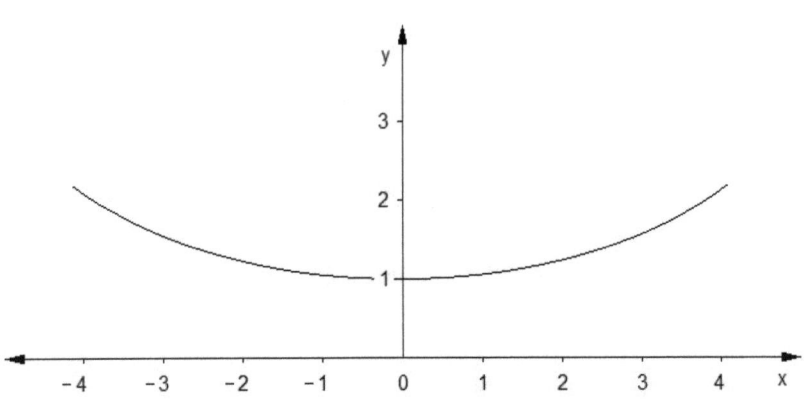

Galileo Galilei glaubte ursprünglich, diese Kettenlinie hätte die Form einer klassischen Parabel. Mathematisch also so etwas wie

$$y = ax^2$$

Aber er irrte. OK, das kann mal passieren, lag aber daran, dass es zu Galileos Zeiten noch keine richtige Infinitesimalrechnung gab.

Erst Gottfried Wilhelm Leibniz, Christian Huygens und Johann Bernoulli fanden die exakte mathematische Beschreibung für die Kettenlinie. Ein Glück für uns, denn diese Herleitung ist nicht ganz einfach. Und wie sieht nun diese mathematische Beschreibung, also die eigentliche Funktion, für so eine Kettenlinie aus?

Die sieht so aus:

$$y = \frac{e^x - e^{-x}}{2}$$

Wer hätte das gedacht. Es ist immer wieder erstaunlich, was für Zusammenhänge oder Mechanismen sich in der Natur so entdecken lassen. Galileos Zitat "Das Buch der Natur ist mit mathematischen Symbolen geschrieben..." scheint eine sehr treffende Beschreibung dafür zu sein.

Die Gleichung für die Kettenlinie hat auch irgendwie Ähnlichkeit mit einigen Teilen aus der vorangegangenen Lektion, aber das nur am Rande. Diese Gleichung gilt jedoch nur dann, wenn die Kettenlinie an ihrer tiefsten Stelle die y-Achse bei 1 schneidet. Und da dieser vereinfachte Sonderfall ja auch nur im Mathematikunterricht vorkommt, brauchen wir eine etwas allgemeiner gültigen Lösung. Die Kurve in dem nun folgenden Diagramm schneidet beispielsweise die y-Achse bei 2:

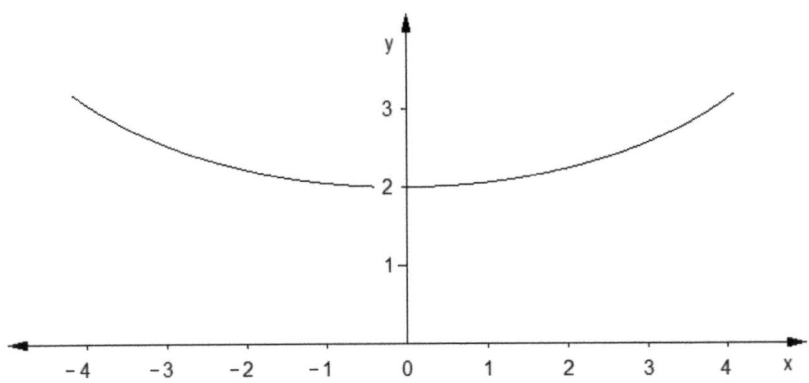

Die Formel hierfür sieht dann so aus:

$$y = \frac{a}{2} \cdot \left(e^{\frac{x}{a}} - e^{-\frac{x}{a}} \right)$$

Das wäre dann auch schon alles und eigentlich ist dieses Kapitel damit schon am Ende. Die Formel ist stimmig, haben andere kluge Köpfe für uns fleissig ausgearbeitet und wir müssen jetzt nur noch bequem die Formel nach dem Wert, den wir suchen, umstellen und die uns bekannten Werte einsetzen. Fertig. Was haben wir? Die Höhe der Stelle, an der das Kabel befestigt ist, den Abstand der beiden Masten zueinander und den Winkel, den die Kabel an der Befestigungsstelle mit der Waagerechten bilden. Ist doch alles ganz einfach. Oder etwa nicht?

Nee, eben nicht.

Und warum nicht? Weil wir doch dieses blöde a in unserer Gleichung bestimmen müssen, um weiter zu kommen. Und dieses a kriegen wir nicht einfach so raus aus der Gleichung. Da gibt es vielleicht irgendwelche Tricks, aber das ist richtig schwer. Wir müssen uns da einen anderen Weg suchen, hilft alles nichts. Aber wir sind nicht verloren. Denn, wie konnte es auch anders sein, Mathematik wäre nicht Mathematik ohne diese besagten Vordenker, die für uns weitere Basisarbeit geleistet haben und uns dadurch vielleicht aus der Patsche helfen.

Da wäre beispielsweise noch dieser Cosinus Hyperbolicus, geschrieben cosh, mit dem wir hier vielleicht etwas anfangen können. Mit diesem cosh lässt sich unsere Formulierung erheblich vereinfachen.

Diese Vereinfachung sieht so aus:

$$a \cdot \cosh\left(\frac{x}{a}\right) = \frac{a}{2} \cdot \left(e^{\frac{x}{a}} - e^{-\frac{x}{a}}\right)$$

Und das ist doch schon mal ein gewaltiger Schritt in die richtige Richtung, denn dieser Cosinus Hyperbolicus ist einfach nur ein Tastendruck auf jeden besseren Taschenrechner. D.h. die Gleichung für unsere Kettenlinie schrumpft zusammen auf lediglich:

$$y = a \cdot \cosh(x/a)$$

Können wir jetzt endlich dieses a ausrechnen? Nein, das geht auch diesmal nicht. Wie es scheint, sind wir schon wieder auf dem Holzweg, obwohl der eingangs formulierte Sachverhalt doch so einfach aussah. Nun, Mathematik scheint ja nicht nur recht abenteuerlich zu sein, sie kann manchmal auch richtig enttäuschend zu sein. Wir erleben hier reihenweise Mißerfolge und neue, zum Teil unlösbare Rätsel. Aber jetzt bloß nicht den Mut verlieren!

Denn ein As haben wir noch im Ärmel...

Wir hatten Eingangs festgestellt, das der Winkel an der Kabeleinspannstelle oben am Mast bekannt ist. Und ein Winkel ist ja auch immer so eine Art Steigung. Ja, die Steigung einer Kurve. Wer sich an dieses Thema erinnert, der erkennt womöglich, wohin unsere mathematischer Reise jetzt gehen könnte. Gibt doch die erste Ableitung einer Funktion die Steigung wieder!

D.h. wenn

$$y = a \cdot \cosh(x/a)$$

die Stammfunktion ist, dann ist die erste Ableitung davon eine Funktion, die die Steigung dieser Stammfunktion, also unserer Kettenlinie, wiedergibt. Wir müssen jetzt sehen, wie wir die erste Ableitung dieser Kettenlinienfunktion bilden können. Mal sehen, wie wir das zu Wege bringen.

In dieser Kettenlinienfunktion sind ja, wenn man es genau nimmt, zwei Funktionen miteinander verschachtelt. Nämlich einmal dieses cosh als äussere Funktion und zum anderen dieses x/a als innere Funktion. Gemäß den mathematischen Nachschlagewerken gibt es eine Ableitungsregel für die Ableitung einer Funktion, die aus einer inneren und einer äusseren Funktion besteht.

Diese lautet (jetzt ist abstraktes Denken angesagt), wenn

$f(x) = g(h(x))$

mit

$g(x) = \cosh(\ )$ als äussere Funktion und

$h(x) = x/a$ als innere Funktion

dann ist die 1. Ableitung

$f(x)' = g'(h(x)) \cdot h'(x)$

Und mit

$g'(x) = \sinh(\ )$ als äussere Ableitung und

$h'(x) = 1/a$ als innere Ableitung

wird daraus

$y' = a \cdot \sinh(x/a) \cdot 1/a$

das a kürzt sich raus und voilà

$y' = \sinh(x/a)$

Das ist die Gleichung, die die Steigung unserer Kettenlinie angibt.

Was fehlt jetzt noch? Immer noch die Höhe des Kabels über der Wasseroberfläche.

Nun, ein Hindernis müssen wir noch aus dem Weg räumen. Eingangs hatten wir bei der Ermittlung der Funktion für die Kettenlinie auch dieses ominöse a in die Funktion mit integriert, was zunächst mathematisch völlig richtig ist, da dieser Faktor die Form der Kettenlinie beeinflusst. Jedoch, wenn wir einfach diesen Wert a = 1 setzen, dann sind wir ihn los, und das ohne geschummelt zu haben!

Die Kettenlinie bleibt eine ganz normale, durchschnittliche Kettenlinie und die y-Achse wird bei y = 1 geschnitten. Die Funktion für die Kettenlinie und dessen 1. Ableitung werden dadurch noch einfacher, die sehen jetzt so aus:

$$y = \cosh(x)$$

und

$$y' = \sinh(x)$$

Das hat einen Riesenvorteil wie wir gleich sehen werden. Aber zunächst noch eine Skizze über unseren Sachverhalt.

Hier also die beiden Strommasten über den Fluss:

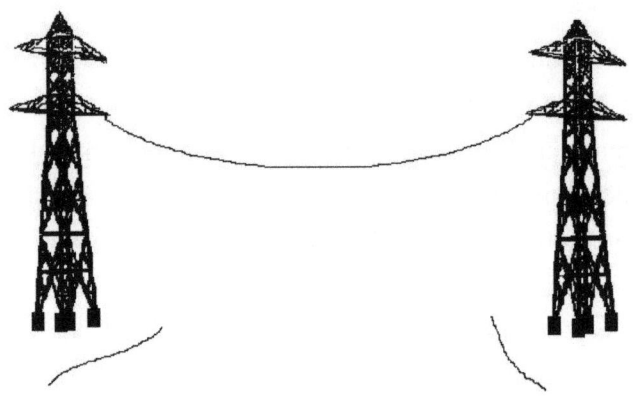

Und dazu ein paar realistische Werte aus der wirklichen Welt. Nehmen wir mal an, die Höhe beider Masten, also eigentlich die Stelle, wo das Kabel befestigt ist, soll jeweils 80 m über Normalnull, also in unserem Falle dem Wasserspiegel vom Fluss, liegen und die Entfernung beider Masten zueinander soll 400 m betragen. Das ist nicht zu weit hergeholt, das kann durchaus mal so sein.

Und das Ganze bringen wir jetzt - wie immer - auf das Wesentliche reduziert, in eine neue Skizze unter, inklusive der Werte, die wir hier während unseres finalen Rechenweges berechnen wollen.

Das sieht dann so aus:

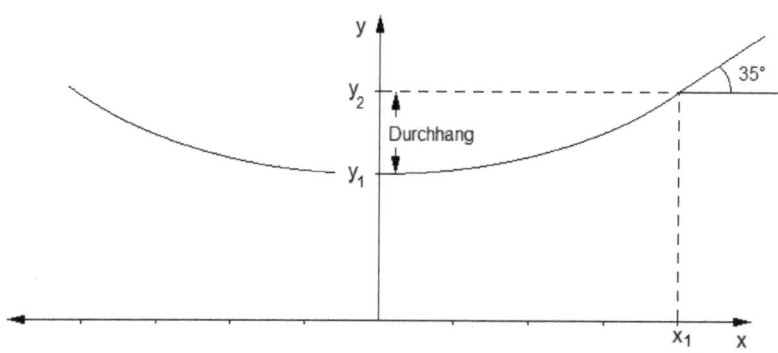

Und jetzt kommt folgende Überlegung: Da wir die Steigung an der Einspannstelle der Kabel kennen, nämlich diese 35°, können wir "rückwärts" mittels der 1. Ableitung die Stelle auf der x-Achse ausrechnen, wo diese Steigung liegt. Mit diesem x-Wert, in der Skizze ist das x_1, also da wo der Mast steht, gehen wir dann in die Stammfunktion unserer Kettenlinie und errechnen den y-Wert an dieser x_1-Stelle. Dieser y-Wert ist in unserer Skizze der Wert y_2, also die Strecke, die sich aus y_1 plus "Durchhang" zusammensetzt. Den y_1-Wert selbst brauchen wir hier gar nicht mehr auszurechnen, denn dadurch, dass wir dieses a aus der ursprünglichen allgemeinen Gleichung der Kettenlinie rausgeschmissen haben, ist $y_1 = 1$.

Was konkret haben wir jetzt? Wir haben jetzt - endlich - das Verhältnis zwischen y_1 und y_2. Und damit, wie wir gleich sehen werden, lässt sich tatsächlich etwas anfgangen. Wurde ja auch langsam Zeit. Und wer dies alles bis hier her verstanden hat, der kann auch den jetzt folgenden mathematische Teil verstehen:

Die Steigung von 35° in die 1. Ableitung eingesetzt müsste eigentlich so aussehen:

$$35° = \sinh(x_1)$$

Aber, da die Steigung einer Kurve nicht in ° angegeben wird, sondern also Zahlwert zwischen 0 und unendlich (unendlich wäre eine senkrechte Linie nach oben), müssen wir diese Zahl, die den 35° Steigung entspricht, erst ermitteln. Wie geht das?

Nun, die Steigung ist sozusagen der tan( ). Wenn eine Kurve oder Gerade eine Steigung von 45° hat, heisst das nichts anderes, als dass die Steigung einen Wert von 1 hat.

In mathematischer Kurzform:

$$\tan(45°) = 1$$

Das können wir mit jedem Taschenrechner überprüfen, das stimmt so. Und daraus folgt natürlich auch

$$\tan(35°) = 0,7002$$

Mit diesem Wert gehen wir in die 1. Ableitung rein:

$$0,7002 = \sinh(x_1)$$

Diese Gleichung müssten wir noch umstellen. Das geht mittels der Umkehrfunktion vom $\sinh( )$, die nennt sich Areasinus Hyperbolicus und wird geschrieben $\text{arsinh}( )$:

$$x_1 = \text{arsinh}(0,7002)$$

$$x_1 = 0,6528$$

Und dieses x_1 stecken wir in unsere Funktion für die Kettenlinie, um dieses y_2 auszurechnen:

$$y_2 = \cosh(x_1)$$

$$y_2 = \cosh(0,6528)$$

$$y_2 = 1,2207$$

Hat überhaupt noch jemand einen Überblick hier? Wir haben jetzt endlich alles, um diese verdammte Durchfahrtshöhe auszurechnen. Dazu müssen wir nur noch unsere tatsächlichen Werte wie Masthöhe und den Abstand der Masten zueinander in Metern hier irgendwie ins Verhältnis setzen zu den eben ermittelten Werten von x und y. Das ist der ganze Trick dabei. Das machen wir mal eben.

Dieses y_1 in unserem Diagramm verhält sich zu y_2 wie die Durchfahrtshöhe zur Höhe der Einspannstelle der Kabel, sozusagen die Masthöhe. In der mathematischen Präzision scheint dies endlich die Lösung zu sein:

$$\frac{y_1}{y_2} = \frac{\text{Durchfahrtshöhe}}{\text{Masthöhe}}$$

Aber wer nun glaubt, wie einst Archimedes heureka-schreiend durch die Gegend rennen zu können, dem sei gesagt, wir haben uns - mal wieder - zu früh gefreut. Warum das? Weil die Masthöhe zwar dem y_2 entspricht, aber x_1 noch lange nicht dem halben Abstand der Masten zueinander. Und deswegen enspricht y_2 eigentlich nicht der Masthöhe. Da liegt noch so ein verdammter Hase im Pfeffer. Die grosse Frage ist jetzt, wie kriegen wir das in unser Gleichungssystem?

Nun, bevor wir uns hier in komplizierten Erklärungsversuchen verheddern, eine weitere Skizze, mit dem sich die Misere hoffentlich etwas aufklären lässt:

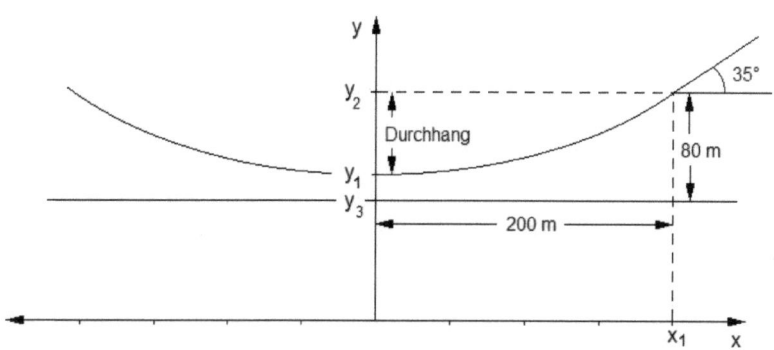

Denn eigentlich ist die Durchfahrtshöhe nicht y_1 sondern, wenn wir ganz genau hinsehen, dieses kleine Stück zwischen y_1 und y_3, mathematisch geschrieben $y_1 - y_3$. Die spannende Frage ist jetzt, wie machen wir aus diesem Stück eine Meterangabe. D.h. wieviel Meter entsprechen einer "Einheit" in unserem Diagramm? Nun, wir können doch behaupten, x_1 entspricht den 200 m. Und wenn $x_1 = 0,6528$ wie vorhin ermittelt, dann entspricht eine Einheit in unserem Diagramm genau

$$\frac{200 \text{ m}}{0,6528} = 306,37 \text{ m}$$

Jetzt müssen wir um auf die Durchfahrtshöhe $y_1 - y_3$ zu kommen, von den 80 m Masthöhe den Durchhang, also $y_2 - y_1$ in meter abziehen. Wenn also

$y_1 = 1$ bzw. 306,37 m

und

$y_2 = 1,2207$ bzw. 373,99 m

dann haben wir es endlich:

Durchhang = 373,99 m - 306,37 m

Durchhang = 67,62 m

Und damit:

Durchfahrtshöhe = 80 m - Durchhang

Durchfahrtshöhe = 12,38 m

Und, nicht zu vergessen, den Abstand von 5 m müssten wir hiervon noch mindestens abziehen!

Mickrige 7,38 m bleiben für das Schiff über. Wir haben es endlich geschafft! Was haben wir gelernt? Also, mal eben so eine Durchfahrtshöhe auszurechnen, ist ja nicht ganz ohne, OK. Es lagen eine ganze Menge Steine im Weg und wir haben mühsam mehrere mathematische Holzwege versucht. Aber, wenn wir eine zunächst unlösbare Aufgabe - mal wieder - in kleine logische Schritte zerlegen, dann ist der Weg dahin zwar nicht immer schön geebnet und vollkommen fehlerfrei, jedoch sind die einzelnen Häppchen dann gar nicht mehr so schwer abzuarbeiten.

Mathematik allein befriedigt den Geist durch ihre außerordentliche Gewißheit.
Johannes Kepler

Die achte Lektion

Warum die Erde keine Scheibe ist

Übersät ist die Welt immer noch mit Propheten, Wahrsagern, Neunmalklugen und sonstigen Märchenerzählern. Mehr als genug laufen davon herum. Überall auf der Welt. Eigentlich müsste man sie Scharlatane nennen, denn all das, was diese Strategen immer wieder von sich geben, ist weder hieb- noch stichfest. Zwar wissen diese Geschichtenerzähler ständig immer alles besser und nehmen auch sehr gern Geld für ihre ach so klugen Ratschläge. Jedoch, wenn man da mal nachhakt, dann entziehen sich diese Strategen einer klaren Überprüfung einfach dadurch, dass sie ihre Prophezeiungen nur sehr vage umschreiben. Ähnlich wie in der Politik, auch da sitzen in Hülle und Fülle Meister der schwammigen Formulierung. Na ja, bis man mit mathematischen Beweisen droht.

Dann nehmen diese Helden reiß aus, flüchten in höhere Dimensionen oder werden zickig und greifen an. Wie könne man es wagen usw. Aber die kriegen jetzt ihr Fett weg. Zwar reichlich spät und vermutlich auch die Falschen, aber immerhin, diese Genugtuung wollen wir uns nicht entgehen lassen. Worum geht es hier? Nun, damals, vor vielen hunderten von Jahren, wurde noch allen Ernstes behauptet, die Erde sei eine flache Scheibe.

Wie kamen die Menschen dazu, so etwas anzunehmen? Na ja, wenn man sich auf dem flachen Land so umsieht, überrascht es nicht, das zunächst so zu sehen. Selbst wenn man den Blick auf dem Meer gen Horizont richtet und nicht die Möglichkeit hat, sich in ein Flugzeug zu setzen und das ganze mal von oben zu betrachten. Ist also nicht so verwunderlich.

Zugegeben, ein bisschen an den Haaren herbeigezogen ist es schon, mit mathematischen Mitteln zu versuchen, die Behauptung, die Erde sei eine Scheibe, ad Absurdum zu führen. Aber sehr überzeugend wäre das schon, vor allem auch mal für Nichtmathematiker. Vor allem aber eine wirklich mal sehr interessante Herangehensweise. Allein schon die Frage, wie wollen wir das bloß anstellen, nur mit Papier und Bleistift bewaffnet? Aber das geht. Wir müssen nur versuchen, mit unseren Formeln und Funktionen - es ist immer das Gleiche - die Wirklichkeit abzubilden, damit wir sie verstehen. Gerade deshalb erscheint nachfolgender Gedanke um so abstruser, aber eins nach dem anderen.

Stellen wir uns vor, wir hätten einen Würfel aus massiven Stahl von sagen wir mal mit 10 cm Kantenlänge. So ein richtig schwerer und stabiler Klotz. Der liegt nun vor uns. Was für eine Last kann dieser Tragen? Was können wir da draufstellen? Wie stabil ist Stahl? Nun, dafür gibt es natürlich Tabellen wie Sand am Meer mit allen möglichen Stahlsorten, Gusseisen, Edelstahl usw. Da suchen wir uns mal einen durchschnittlichen Wert heraus, denn auf die tatsächliche Größe kommt es gar nicht so drauf an. Für diesen ganz normalen Baustahl findet man für die Streckgrenze R_e, das ist die Belastungsgrenze, bei der sich Stahl noch nicht bleibend verformt, so Werte wie $R_e = 235$ N/mm^2

Und wenn wir 1 kg hier auf der Erde heben wollen und dafür eine Kraft von knapp 10 N aufbringen müssen, dann können wir aus diesem R_e den Schluss ziehen, dass ein Draht mit einer Querschnittsfläche von 1 mm^2 gerade noch 23,5 kg halten kann, ohne dass sich dieser bleibend verformt. Erscheint im ersten Moment recht wenig, aber 1 mm^2 ist ja auch nicht viel. Das entspricht einem Draht mit einem Durchmesser von 1,27 mm. Keine Sorge, das Niveau in diesem Kapitel steigt noch an. Und was kann unser Klotz mit 10 cm Kantenlänge tragen?

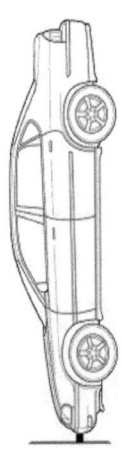

So ein ganz normales Auto mit Sicherheit. Das wiegt selten mehr als 1800 kg. Das verkraftet unser kleiner Stahlklotz bestimmt. Aber wie kommen wir dazu, so etwas zu behaupten? Weil wir nicht nachsprechen sondern nachdenken und wie folgt rechnen:

Den Druck, den unser Stahlklotz aushält, hatten wir oben schon herausgefunden. Das sind diese 235 N/mm^2 oder, hier im Schwerefeld der Erde, 23,5 kg/mm^2. Bei 10 cm Kantenlänge bzw. 100 mm Kantenlänge hat unser Stahlklotz eine Fläche, auf die eine Belastung wirkt, von 10.000 mm^2. D.h. das zehntausendfache von 23,5 kg, also 235.000 kg oder 235 Tonnen. So schwer ist unser Auto nicht. Na gut, dann müssen wir wohl schwerere Geschütze auffahren, damit was passiert.

Und das machen wir mal eben. Wir nehmen dazu diese legendäre amerikanische Dampflok der Union Pacific Railroad, genannt "Big Boy", mit zwei mal vier angetriebene Achsen und davor und dahinter jeweils auch noch zwei Achsen. Ein wahres Monstrum an Lokomotive, das ist richtig schwerer Maschinenbau. Diese Riesendampflok wurde gebaut um lange Güterzüge über den Sherman Hill zu ziehen. Daher musste diese Lok auch selber schwer genug sein. Die wiegt mit Tender und vollgetankt insgesamt 548.000 kg!

Was passiert da mit unserem Stahlklotz?

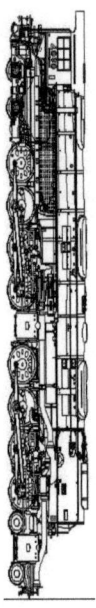

Bei dieser Last fängt unser Stahlklotz an, sich zu verformen. Denn diese 548 Tonnen sind mehr als doppelt soviel wie die 235 Tonnen, bei denen sich der Stahlklotz lediglich elastisch verformt. Das erscheint wenig glaubwürdig, ist aber wahr. Na gut, könnten wir jetzt sagen, dann nehmen wir den gleichen Klotz, aber eben aus härterem Stahl. Da gibt es sogenannte Vergütungsstähle. Diese Stähle haben Streckgrenzen im Bereich von ca. 1000 N/mm^2 und werden für hochbelastete Bauteile verwendet.

Ein Klotz aus Vergütungsstahl hält so eine schwere Big Boy locker aus. Macht nichts, dann stellen wir da einfach mal ein ganzes Schiff drauf, damit kriegen wir selbst einen Würfel aus Vergütungsstahl klein.

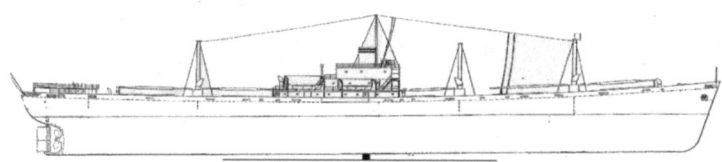

Jedenfalls wäre bei einem Schiffsgewicht von sagen wir mal knapp 20.000 Tonnen so ziemlich jeder Klotz, egal aus welchem Stahl, mit 10 cm Kantenlänge ziemlich platt.

Nun ist es natürlich unfair, ein ganzes Schiff auf so einen kleinen Würfel zu stellen, daher wollen wir mal ein anderen Versuch wagen. Wir wollen mal sehen, wieviele von diesen Stahlklötzchen wir denn aufeinander stellen können, einer auf den anderen, bis der unterste anfängt, nachzugeben. Das ist eigentlich ganz einfach, die Gewichtskraft dieser Säule muss gerade so hoch sein wie die unterste Schicht an Haltekraft entgegensetzen kann.

Das schreibt sich mathematisch herrlich einfach:

$$F_G = F_F$$

Wobei die Gewichtskraft F_G sich berechnet über die Menge an Stahl malgenommen mit der Erdbeschleunigung g. Und die Menge ist in diesem Falle das Volumen V malgenommen mit der Dichte ρ:

$$F_G = V \cdot \rho \cdot g$$

Für die Dichte von Stahl können wir annehmen $\rho = 7850 \text{ kg/m}^3$ und die für die Erdbeschleunigung immer noch g = 9,81 m/s². Wenn das Volumen unserer Säule Länge mal Breite mal Höhe ist, dann sieht die Kraft F_G jetzt so aus:

$$F_G = l \cdot b \cdot h \cdot \rho \cdot g$$

Ja, das mathematische Niveau ist hier momentan immer noch recht niedrig. Jedoch, wem die Thematik jetzt schon zu kompliziert erscheint, der darf sich Sorgen machen. Über sich selbst natürlich. Wir machen hier erstmal weiter.

Die maximalkraft, die unser Stahlklotz aushält, ist die Festigkeit malgenommen mit der Fläche, die belastet wird:

$$F_F = R_e \cdot l \cdot b$$

So dass, wenn wir beides gleich setzen

$$l \cdot b \cdot h \cdot \rho \cdot g = R_e \cdot l \cdot b$$

wir sehen, dass sich $l \cdot b$ einfach aus der Gleichung rauskürzt. Es ist ja egal, wie lang und breit eine Säule ist. Übrig bleibt das hier:

$$h \cdot \rho \cdot g = R_e$$

Und wenn wir das nach h umstellen, mit den Einheiten etwas aufpassen und mit unseren $R_e = 235$ N/mm^2 rechnen, dann erhalten wir folgendes Ergebnis:

$$h = R_e /(\rho \cdot g)$$

$$h = 3052 \text{ m}$$

Etwas überraschend nicht wahr? Der Schluß erscheint durchaus zulässig, man könne keine Türme aus Stahl bauen, die höher als 3000 m sind. Aber das stimmt so nicht. Selbstverständlich kann man Türme bauen, die höher sind als 3000 m. Da gilt es jedoch einiges zu berücksichtigen und vielleicht hilft da ein Blick in die Natur.

Sicherlich strittig ist die Frage, seit wann es Bäume gibt. Aber unstrittig ist, dass Bäume schon lange vor der Menschheit da waren. Und da Bäume auch in gewisser Weise Türme sind, können wir von denen vielleicht etwas lernen. Gewiss, Bäume sind nicht ganz so hoch wie von Menschenhand gebaute Türme und auch nicht aus Stahl, aber das Prinzip ist auch da vergleichbar. Was fällt auf?

Der Baumstamm ist - fast immer - unten dicker als oben. Jaaa, bei einigen Baobab-Bäumen ist das nicht so.

Jedenfalls kann man unterstellen, Bäume hätten nicht so eine

Form, wenn dies kein Vorteil im ewigen Kampf ums Überleben wäre. Zwar formt nicht nur das eigene Gewicht den Stamm, auch Seitenwinde dürften dabei eine Rolle spielen. Aber zumindest könnte uns doch die Form des Stammes auf eine Idee bringen.

Und das muss man den Bäumen ja lassen, in deren Konstruktion stecken ein paar Millionen Jahre an Erfahrung. Das kann so falsch nicht sein, auch wenn die mathematischen Kenntnisse der Bäume nicht so ausgeprägt sein dürften. Beklemmend nahe erscheint da die These, Intelligenz braucht nicht unbedingt ein Gehirn, um zu wirken. Aber das nur am Rande.

Vielleicht ist es Gustave Eiffel 1887 ähnlich ergangen und er kam erst nach einem ausgedehnten Waldspaziergang auf die Idee, seinen Turm so zu bauen, wie er heute dasteht.

Zwar ist der berühmte Eiffelturm auch nicht ganz 3000 m hoch, jedoch müsste jedem von uns bei der Betrachtung dieses Turmes, auch wenn das filigrane Gewerk im unteren Bereich mehr oder weniger hohl ist, die Verwandtschaft zu den Bäumen auffallen. Fast schon als alter Hut erscheint da die Erkenntnis, einen Turm so zu bauen, dass er nach oben hin langsam dünner wird.

Wir können uns jetzt Gedanken machen, mit welcher Formel Bäume ihre Stämme berechnen. Welcher Funktion folgen diese. Oder, jetzt kommt die eigentliche Schwierig-Frage, wie sieht ein Stamm mit einer bestimmten Dichte und Festigkeit aus, wenn er maximale Höhe erreichen soll?

Mit eine zylindrischen oder quadratischen Säule mit gleicher Querschnittsfläche über die gesamte Höhe scheint es ja nicht so gut zu klappen, denn wir haben ja gesehen, da ist, zumindest bei Stahl, nach etwa 3000 m Schluss.

Vielleicht eine Pyramidenform? Oder ein Kegel? Was für eine logische Überlegung können wir hier anstellen?

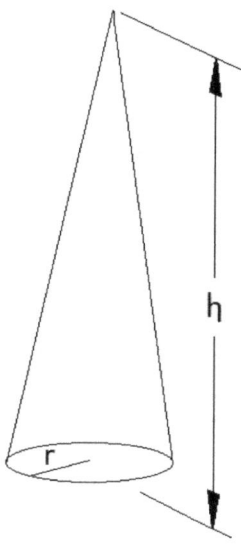

Wenn ein Turm aus einem bestimmten Material nur durch seine geometrische Form die maximale Höhe erreichen soll, dann gilt folgendes: Das Verhältnis zwischen der Fläche und dem Volumen über der Fläche muss immer gleich sein. Also sowas wie doppelte Fläche muss auch doppeltes Volumen über der Fläche ergeben. Nur dann hätten wir immer die gleiche und in unserem Falle dann auch die maximale Flächenbelastung. Wäre das bei einem Kegel, wie der soeben gezeichneten der Fall?

Das Volumen eines Kegels ist Grundfläche mal Höhe durch drei:

$$V_{Kegel} = r^2 \cdot \pi \cdot h/3$$

Die belastete Fläche unten

$$A_{Kegel} = r^2 \cdot \pi$$

Verdoppeln wir den Kegel, also doppelter Radius und doppelte Höhe, vergrößert sich das Volumen des Kegels auf das Achtfache:

$$V_{Kegel\,2} = (2 \cdot r)^2 \cdot \pi \cdot 2 \cdot h/3$$

$$V_{Kegel\,2} = 8 \cdot r^2 \cdot \pi \cdot h/3$$

die Fläche, die der darüber liegende Kegel belastet, vergrößert sich aber nur um das Vierfache:

$$A_{Kegel\,2} = (2 \cdot r)^2 \cdot \pi$$

$$A_{Kegel\,2} = 4 \cdot r^2 \cdot \pi$$

Geht also nicht. Trotzdem, wenn wir schon mal dabei sind, wie hoch könnte denn ein solcher Stahlkegel überhaupt werden? Mittels der beiden Formulierungen für die Gewichtskraft F_G und der max. Flächenbelastung F_F

$F_G = r^2 \cdot \pi \cdot h/3 \cdot \rho \cdot g$

$F_F = R_e \cdot r^2 \cdot \pi$

setzen wir wieder gleich:

$r^2 \cdot \pi \cdot h/3 \cdot \rho \cdot g = R_e \cdot r^2 \cdot \pi$

und lösen nach der Höhe h auf:

$h = R_e /(\rho \cdot g) \cdot 3$

$h = 9156\,m$

Na ja, immerhin, ganze 9156 m hoch kann so ein Kegel aus Stahl werden. Interessanterweise, egal wie der Kegel aussieht, also ob ganz spitz, wie oben gezeichnet, oder flach wie ein Zirkuszelt und egal aus welchem Werkstoff, eine Pyramide kann immer nur die dreifache Höhe einer geraden Säule erreichen. Mehr nicht.

Da muss es doch noch etwas Besseres geben. Außerdem, wenn wir uns den Baum von vorhin genauer ansehen, müssten wir erkennen, dass der Stamm nicht genau kegelförmig ist. Die Seitenlinie ist leicht gekrümmt. Und das sieht verdammt nach komplizierter Mathematik aus.

Und so ist es auch. Mathematik ist ja nicht nur sowas wie drei mal fünf geteilt durch sieben. Mathematik hat auch eine strategische Komponente sowie auch mal Versuch und Irrtum, wie die vorangegangenen Kapitel zur Genüge gezeigt haben. Schön und gut, und von welcher Strategie reden wir hier? Von der Strategie, herauszufinden, wie ein Turm geartet sein muss, damit dieser höher als ein Kegel wird.

Vielleicht probieren wir es mal mit unserem guten alten Diagramm, das uns bisher an verschiedenen Stellen doch ganz gut geholfen hat bei der Lösungsfindung. Was können wir da einzeichnen? Die x-Achse soll mal für die Höhe unseres Turmes stehen und die y-Achse sozusagen für die halbe Breite oder den halben Durchmesser unseres Turmes. Dann könnte ein Turm, der höher als der Kegel-Turm sein soll, in unserem Diagramm vielleicht eine solche, von den Bäumen abgeguckte Linie beschreiben:

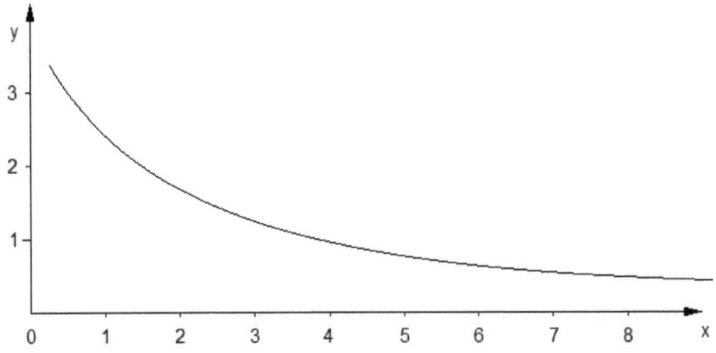

Und wenn wir mit dieser Linie hier weiter machen wollen, dann müssen wir zwei Dinge berechnen. Zum einen das Volumen eines Stückes über einer zu belastenden Fläche und zum anderen diese belastete Fläche selbst.

Wir fangen mal mit dem Volumen eines Stückes an. Ein Volumenstück unseres Turmes wäre - jetzt aufpassen - wenn wir die Fläche unter der Kurve von sagen wir mal x_1 bis x_2 um die x-Achse rotieren lassen. Was so abenteuerlich klingt wie die Hypothese eines dieser neunmalklugen Märchenerzähler, ist in Wirklichkeit ordentliche Mathematik. Das werden wir gleich sehen. In unserem Diagramm sieht das schon mal so aus:

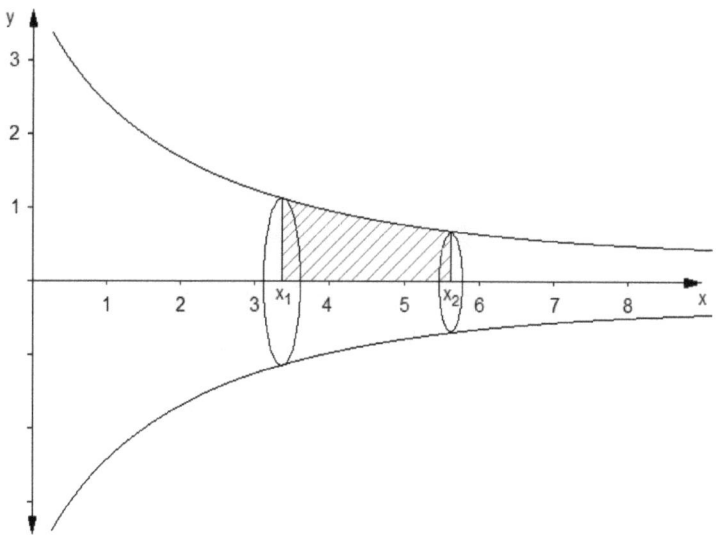

Hier ist die Fläche, die wir rotieren lassen wollen, schraffiert dargestellt und Boden und Deckel von diesem dann entstehenden Volumenkörper als Kreise dargestellt. Die schraffierte Fläche geht von x_1 bis x_2 und wird oben durch unsere seltsame Kurve und unten durch die x-Achse begrenzt.

Die Fläche unter einer beliebeigen Kurve berechnet sich - wie immer - über das Integral der Funktion dieser Kurve, also sowas hier:

$$\text{Fläche unter der Kurve} = \int_{x_1}^{x_2} f(x) \cdot dx$$

Und wenn wir diese Fläche um die x-Achse rotieren lassen, dann haben wir diesen Volumenkörper. Die Berechnung dieses Volumenkörpers ist in gewisser Weise ähnlich der Volumenberechnung eines Zylinders, nämlich die Grundfläche, also dieses $r^2 \cdot \pi$ malgenommen mit der Höhe. Auf unser Diagramm übertragen, wäre die Grundfläche der sich verändernde y-Wert, der dem Radius des Zylinders entspricht, ins Quadrat gesetzt, malgenommen mit π und malgenommen mit der Höhe, in diesem Falle der Differenz aus $x_2 - x_1$.

Das liest sich mathematisch in wunderbarer Klarheit:

$$\text{Volumen} = \pi \cdot \int_{x_1}^{x_2} (f(x))^2 \cdot dx$$

Der Boden eines Turmabschnittes aus unserem Diagramm, also die belastete Fläche sozusagen, lässt sich errechnen, in dem wir den y-Wert der Funktion bei x_1 ermitteln, diesen quadrieren und mit π malnehmen. Das sieht mathematisch dann so aus:

Fläche des unteren Bodens $= \pi \cdot (f(x_1))^2$

Und jetzt folgt eine Behauptung: Ein Turm erreicht maximale Höhe, wenn die zu belastende Fläche in jeder Höhe immer maximal belastet wird. D.h. egal an welcher Stelle, das Verhältnis belastete Fläche zu drüber liegendem Turm-Volumen muss immer gleich sein.

Wie sieht das mathematisch aus?

$$\text{Konstant} = \frac{\text{Volumen über Kreisfläche}}{\text{Kreisfläche}}$$

Und mit den einzelnen Thermen sieht das dann so aus:

$$\text{Konstant} = \frac{\pi \cdot \int_{x_1}^{x_2} (f(x))^2 \cdot dx}{\pi \cdot (f(x_1))^2}$$

Wobei hier das x_2 ganz oben an der Turmspitze liegt, denn wir müssen ja immer das gesamte Volumen über der belasteten Fläche betrachten.

Und hier haben wir etwas spezielles vor uns. OK, das π kürzt sich schon mal raus. Aber das ist nicht das Wesentliche. Was ist das Wesentliche, was da steht? Hier vielleicht mal kurz innehalten und in Ruhe überlegen. Ja, auch klar, die Differenz zwischen x_1 und x_2 ist die Höhe dieses Volumens über der belasteten Fläche. Aber auch das ist nicht das eigentliche Ding. Das Besondere: Hier im Zähler steht ein Integral und im Nenner die Funktion dazu. D.h. das Integral der Funktion $f(x)$ und die Funktion selbst müssen als Quotient immer dasselbe Ergebnis liefern! Gibt es sowas überhaupt?

Ja, aber da muss man erst mal drauf kommen.

Und dafür springen wir nochmal zurück an die Stelle, wo wir festgestellt hatten, dass ein Kegel, egal wie spitz oder stumpf, immer eine begrenzte Höhe hat. Folgenden Gedankengang wollen wir mal ansetzen, dazu eine Skizze:

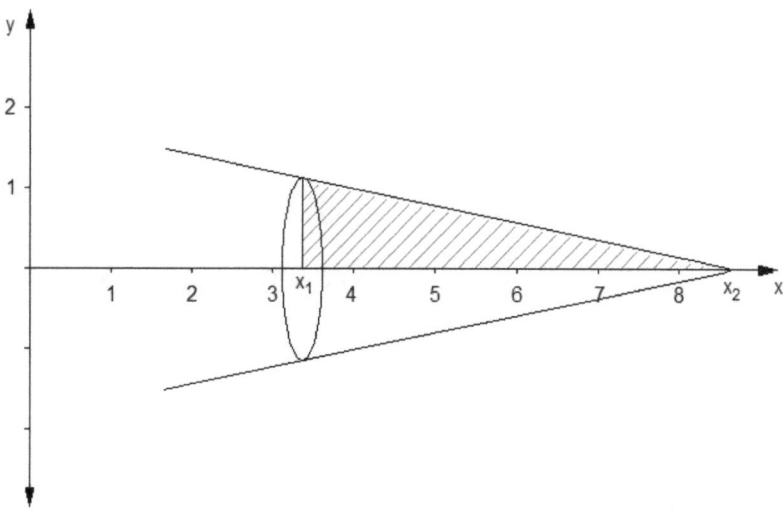

In dieser Skizze ist ein Kegel abgebildet und wieder so eine schraffierte Fläche, die wir rotieren lassen wollen. Die Fläche geht von x_1 bis zur Spitze des Turmes, also da wo x_2 ist, wird oben durch die gerade Kante des Kegels und unten durch die x-Achse selbst begrenzt. Wenn wir die gleichen mathematischen Werkzeuge wie vorhin anwenden beim Ermitteln von Fläche und Volumen, dann müssen wir die Funktion für eine gerade Linie, in diesem Falle die gerade Kante des Kegels, anwenden.

Und das ist die in der Lektion mit der Schrotflinte auf Seite 87 schon genutzte Funktion:

$y = a \cdot x + b$

Wenn wir diese Funktion in unser Konstrukt

$$\text{Konstant} = \frac{\pi \cdot \int\limits_{x_1}^{x_2} (f(x))^2 \cdot dx}{\pi \cdot (f(x_1))^2}$$

einbauen, dann lässt sich auch ohne viel Tamtam erkennen, dass das in diesem Falle niemals konstant sein kann, denn wenn wir unsere Funktion integrieren, also

$$\int (a \cdot x + b)^2 \cdot dx = \int a^2 \cdot x^2 + 2 \cdot a \cdot x + b^2 \cdot dx$$

$$\int a^2 \cdot x^2 + 2 \cdot a \cdot x + b^2 \cdot dx = a^2/3 \cdot x^3 + 2 \cdot a/2 \cdot x^2/2 + b^2 \cdot x + C$$

$$\int a^2 \cdot x^2 + 2 \cdot a \cdot x + b^2 \cdot dx = a^2/3 \cdot x^3 + a \cdot x^2/2 + b^2 \cdot x + C$$

dann taucht da plötzlich so ein x^3 auf, das dafür sorgt, dass nach dem Integrieren der Quotient aus Integral und Funktion mit verändernden x sich *nicht* im gleichen Verhältnis mit verändert, denn unter dem Bruchstrich ist das x nur im Quadrat.

178

Man sagt daher, die beiden x-Werte sind *nicht proportional* zueinander. Und damit fällt der Kegel schon mal weg. Zwar sind wir zu dieser Erkenntnis schon vorher gekommen, aber diesmal hat uns die Analysis dazu verholfen, und das ist schon etwas besonderes. Was suchen wir jetzt? Eine Funktion, dessen Integral genau so aussieht. Oder zumindest wo beide x-Werte proportional zueinander sind. Hat das jemand verstanden? Gibt es sowas überhaupt? Ja, das gibt es.

Die Zwischenfrage, die bei solchen Erkenntnissen sofort auftaucht, lautet: Woher weiß man sowas. Wo steht sowas geschrieben? Nun, so wie wir in diesem Buch mathematische Themen behandeln und auf bestimmte Sachverhalte stoßen, verhält es sich immer. Erst die allgemeine Beschäftigung mit einem Thema verhilft zu Erkenntnissen, die nicht unbedingt immer fein säuberlich in irgendwelchen Übersichtstabellen aufgelistet sind. Jedenfalls ist die Funktion, bei der das Integral oder die Ableitung genauso aussieht, folgende:

$$f(x) = e^x$$

und damit

$$\int e^x \, dx = e^x$$

Diese Funktion können wir so oft integrieren und ableiten wie wir wollen, die bleibt so. Die Schlussfolgerung, auch Bäume würden die höhere Mathematik nutzen, um ihr Überleben zu sichern, scheint durchaus zulässig. Ja OK, mit Ausnahme einiger Baobab-Bäume. Hier fehlt übrigens noch der Hinweis, unsere Maximalturm-Funktion müsste vor dem x im Exponent noch ein Minuszeichen bekommen (e^{-x}), denn wir haben den Turm ja liegend um die x-Achse gelegt. Unterm Strich können wir endlich festhalten, wer seinen Turm wie eine e-Funktion formt, kommt am höchsten. Egal ob aus Holz, Ziegelsteinen oder Stahl.

Aber das war doch eigentlich gar nicht das, was wir in dieser Lektion ausarbeiten wollten oder? Wir sind irgendwie ziemlich weit vom Thema abgekommen. Was ist der eigentliche Inhalt dieser Lektion? Richtig, der mathematische Beweis, dass die Erde keine Scheibe sein kann. Aber gerade durch unseren mathematischen Ausflug in die Turmlehre haben wir, vielleich ohne es zu merken, einen Teil dieses Beweises schon geliefert.

Was jetzt noch fehlt, ist die Nutzung unserer fein ausgearbeiteten Turmlehre als Beweis - und nur darum geht es - dass die Erde keine Scheibe sein kann. Das kommt jetzt.

Wissen wir denn wenigsten wie dick so eine Erdscheibe sein soll? Darf diese Scheibe auch rechteckig oder quadratisch sein? Nehmen wir einfach mal an, die Erde wäre eine quadratische Scheibe und auch genau so dick wie breit und hoch.

Also im Prinzip ein Würfel. Könnte die Erde wie ein Würfel aussehen?

Dazu jetzt mal wieder ein kleines gedankliches Experiment. Nun, wie ein Würfel aussieht, wissen wir. Wir setzen in diesen Würfel eine Kugel, die da gerade so reinpasst, d.h. der Durchmesser der Kugel entspricht der Kantenlänge unseres Würfels. Und jetzt fragen wir uns einfach, wie lang ist das Stück zwischen der Kugeloberfläche und einer Ecke dieses Würfels?

Eine einfache Skizze erklärt das vielleicht besser. Wir sprechen hier von diesem Maß z:

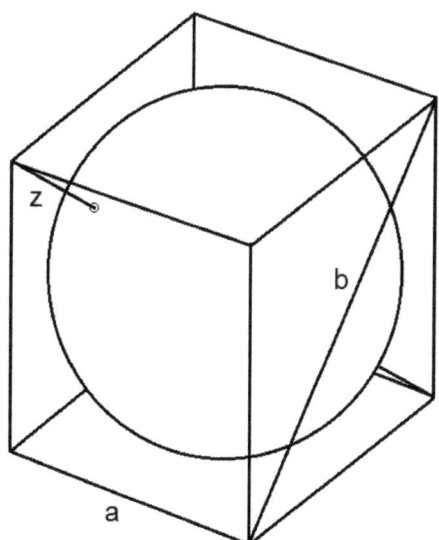

Nun, das ist schnell gerechnet. Wir müssen von der räumlichen Diagonale des Würfels den Kugeldurchmesser abziehen und das dann halbieren. Diese räumliche Diagonale kriegen wir wieder über den schon in der dritten Lektion gebrauchten und in alle Schülerköpfe eingeprügelten Pythagoras. Wie schreibt sich das mathematisch? Viel effizienter als diese langatmigen und umständlichen Erklärtexte.

Zunächst diese große räumliche Diagonale, die in unserer Skizze nicht eingezeichnet ist, nennen wir die mal e, dann gilt nämlich mit a als Kantenlänge und b als Flächendiagonale

$$e^2 = a^2 + b^2$$

und daraus wird

$$e = \sqrt{a^2 + b^2}$$

und da b ja die Flächendiagonale von einer dieser Würfelseiten ist, können wir gleichsetzen

$$b^2 = a^2 + a^2$$

und durch Einsetzen in die obere Gleichung können wir schreiben

$$e = \sqrt{a^2 + a^2 + a^2}$$

$$e = \sqrt{3 \cdot a^2}$$

$$e = a \cdot \sqrt{3}$$

So schön geht Mathematik. Wir sind schon auf der Zielgeraden. Jetzt noch dieses z, wie oben schon beschrieben, als Teil der Raumdiagonale definieren

$$z = (e - D)/2$$

mit D als Erddurchmesser. Und da die Kantenlänge a ja auch gleich dem Erddurchmesser D entspricht, können wir schreiben

$$z = (e - a)/2$$

und weil $e = a \cdot \sqrt{3}$ können wir auch schreiben

$$z = (a \cdot \sqrt{3} - a)/2$$

Das können wir noch ein wenig verschönern, das sieht dann so aus:

$$z = a \cdot (\sqrt{3} - 1)/2$$

Und für dieses a müssten wir jetzt nur noch den Erddurchmesser einsetzen ...

Hat hier überhaupt irgend jemand mitgerechnet? Weil jetzt kommt nämlich nicht nur eines dieser üblichen Behauptungen. Jetzt kommt der vielzitierte Beweis, dass die Erde keine Scheibe oder Würfel sein kann! Und das soll uns mal einer nachmachen.

Zwar irgendwie dreieckig im Grundriss, aber klar erkennbar, dass es sich bei diesen 8 Ecken des Würfels um Pyramiden auf der Kugeloberfläche, also in unserem Falle auf der Erdoberfläche, handelt mit z als dessen Höhe. Und wenn wir in der Formel von vorhin den Erddurchmesser von a = 12.742.000 m einsetzen, dann erhalten wir für die Pyramidenhöhe sage und schreibe

z = 4.663.896 m

Das sind etwas mehr als diese 9156 m, die wir vorhin ausgerechnet hatten für eine maximal mögliche, kegelförmige Pyramide aus Stahl. Ja, einverstanden, wenn wir uns bei der Werkstoffauswahl weiter in Richtung Aluminium, Kohlefaser, Diamant oder ähnliches bewegen, erreichen wir bestimmt schwindelerregende Höhen mit unserer Pyramide. Aber niemals diese 4.663.896 m. Und daher ist die Erde kugelrund.

Wer hohe Türme bauen will, muss lange beim Fundament verweilen.
Anton Bruckner

Die neunte Lektion

Warum sieht der Doppelt-T-Träger so komisch aus

Gern wird immer wieder behauptet, medizinische Berufe würden Menschenleben retten und Kranke gesunden lassen während beispielsweise Techniker und Ingenieure es lediglich mit toten technischen Dingen zu tun hätten. Das kann man machen, wenn man den Status des Arztes über den der Techniker und Ingenieure heben will. Aber stimmt das auch?

Natürlich nicht, diese These geht komplett an der Wirklichkeit vorbei! Zwar sind technische Gebilde noch weit davon entfernt, lebendig zu sein (das dauert nicht mehr lange), aber die sind doch meist für uns Menschen gemacht! Und zwar nicht nur Rettungshubschrauber und Krankenwagen. All diese technischen Dinge, die der Mensch so zum Überleben benötigt oder um das Leben zu verschönern, wurden irgendwie entwickelt. Und wenn die versagen, man denke da nur an Flugzeugab- und Brückeneinstürze, gibt es gleich haufenweise Tote und Verletzte. D.h., irren sich Techniker und Ingenieure, kann das unter Umständen viel schlimmere Auswirkungen haben als wenn sich Ärzte irren.

Na ja, wir müssen noch weniger als drei mal raten, wenn wir wissen wollten, wie denn diese technisch denkenden Menschen Ihre Projekte, die auch Menschenleben retten und erhalten bzw.

das Leben allgemein verbessern sollen, bewältigen können. Unter anderem natürlich durch Anwendung von Mathematik, so ähnlich wie in diesem Buch, was denn sonst...

Aber das ist natürlich noch viel zu allgemein. Wie lautet hier die Überschrift der Lektion? Warum der Doppelt-T-Träger so komisch aussieht. Diese Doppelt-T-Träger werden massenhaft produziert, in allen möglichen Größen und Ausführungen, in Stahl, Edelstahl, Beton und sogar aus Holz und werden überall da eingesetzt, wo es auf grösstmöglichen Widerstand gegen Durchbiegung ankommt.

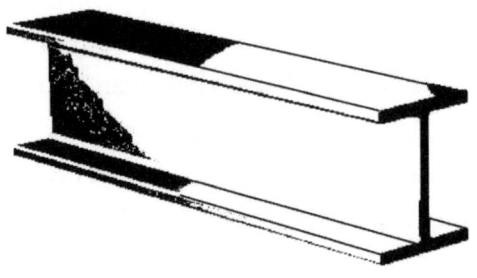

Also für Dächer, Bühnen, Brücken, Kräne und Hochhäuser. Wahrscheinlich fehlt hier wieder die Hälfte aber OK, es gibt noch mehr Beispiele.

Wir hatten ja in der vorangegangenen Lektion gesehen, wo Stahl seine Grenzen hat. Da hatten wir ein riesiges Gewicht auf einen kleinen Klotz gestellt, der sich dann verformt hatte. Und zwar einfach deshalb, weil die Kraft, die auf die Fläche des Klotzes gewirkt hatte, höher war als die Belastungsgrenze des Materials.

Die Frage ist nun, wie geht sowas bei einem Doppelt-T-Träger. Natürlich können wir auch da ganz normale Lasten, Autos, Lokomotiven, etc., draufstellen und sehen was passiert. Aber dafür bräuchten wir nicht solche komischen Doppelt-T-Träger.

Doppelt-T-Träger werden dann gebraucht, wenn eine gewisse Stabilität auf *Durchbiegung* benötigt wird. Also dann, wenn beispielsweise ein Träger an beiden Enden aufliegt und in der Mitte eine Last von oben drückt, wie bei einer ganz normalen Brücke. Oder wenn der Träger an einer Seite fest in einer Wand eingemauert ist und am anderen Ende eine Last angehängt wird.

Das gab es früher, besonders in den Häfen, zuhauf. All diese hohen Speicher, die dicht am Wasser gebaut wurden um die Schiffsladungen aufzunehmen, waren damit ausgerüstet. Meist kragte dort so ein dicker, verlängerter Dachbalken über das Wasser mit einem Flaschenzug und Haken dran um damit schwere Lasten aus dem tiefen Inneren der Schiffsrümpfe rauszuhieven. Alles per Hand natürlich.

Nun, zwar würde man heutzutage nicht mehr so viele manuell zu bedienende Lasthebevorrichtungen finden, jedoch - wie so oft - das Prinzip bleibt das Gleiche.

Und dann kommt die entscheidende Frage, hält der Balken?

Beim Stahlklotz aus der vorangegangenen Lektion war die Festigkeitsberechnung ja irgendwie verstehbar, also diese Kraft geteilt durch die senkrecht belastete Fläche. Das ist hier anders, hier haben wir es ja mit dieser Biegung zu tun. In gewissem Sinne zwar auch lediglich Zug- und Druckkräfte, aber diesmal wirken sie geometrisch gesehen anders.

Und damit wir auch hier nicht gleich wieder vor der erdrückenden Last der Komplexität resignieren, werden wir unseren Träger zunächst vereinfachen. Wir nehmen tatsächlich mal einen dicken Balken, mauern diesen fest in die Wand ein und betrachten diesen, wenn wir da mal eine Last dranhängen. Hier erst mal eine Skizze:

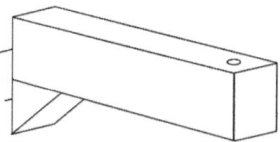

Wenn wir diese Skizze noch ein klein wenig abstrahieren, dann haben wir unseren schlichten Balken vor uns, der auf Grund der Kraft F auf Biegung belastet wird. Die Länge des Balkens, also dieses freie Stück, hat die Länge l:

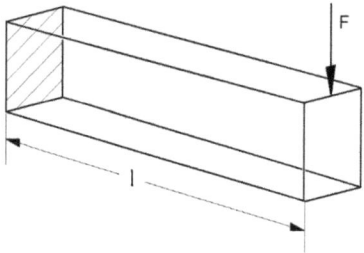

Und die Stelle, wo der Balken am höchsten belastet wird, ist natürlich da, wo der Balken aus der Wand kommt. Das ist diese schraffierte Fläche in der Skizze oben. Da würde der Balken bei Überlastung auch brechen. Die spannende Frage ist jetzt, wie sieht die Belastung dieser schraffierten Fläche tatsächlich aus?

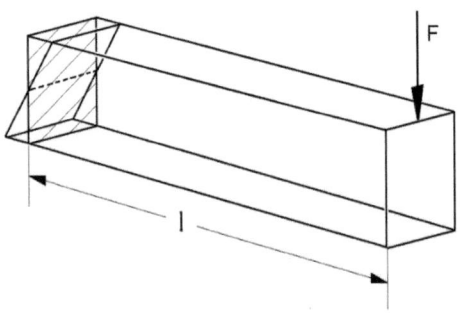

Zunächst - und das war ja zu erwarten - sieht das ganze nicht danach aus, als könnte man da mal eben schnell mit Breite mal Höhe mal sonst was irgendwie eine Flächenlast berechnen. Das ist hier nicht mehr ganz so einfach. Die Belastung der Fläche ist ungleichmäßig. Was ganz links in der Skizze wie ein leicht geöffnetes Dachfenster aussieht, ist in Wirklichkeit der Verlauf der Belastung an dieser Fläche. Ganz oben wird der Balken am stärksten auf Zug beansprucht, in der Mitte, also da wo diese waagerechte gestrichelte Linie verläuft, gar nicht und ganz unten wird der Balken am stärksten auf Druck beansprucht.

Wir können uns das vielleicht so vorstellen, als wenn die gestrichelte Linie eine Art Scharnier wäre, an dem der Balken gelagert ist und wie ein großer Hebel Zug und Druck auf die belastete Fläche ausübt. Damit kommen wir dem Sachverhalt schon näher. Aber wie viel bloß und wie verteilt sich das? Kraft mal Hebelarm mal Fläche geht auch nicht, da die Belastung ja irgendwie vom Abstand zur gestrichelten Linie abhängt, da muss es andere Wege geben. Aber wir sind schon dichte dran.

Wenn wir uns die belastete Fläche genauer ansehen und auf die Idee kommen, alles in winzig kleine Flächenstücke aufzuteilen (ein Schelm...), dann würde doch jedes einzelne Flächenelement eine mehr oder weniger gleichmäßige Belastung erfahren, die sich tatsächlich über das Hebelgesetz bestimmen lässt, richtig? Und zwar, je kleiner das Flächenstück, desto geringer die Unterschiede in der Belastung des Flächenstückes. D.h., wir müssen diesen mathematischen Ansatz - dass müsste doch langsam zur Routine geworden sein - nur zu Ende denken und unsere winzig kleinen Flächenabschnitte noch kleiner als winzig klein machen, nämlich unendlich klein, dann haben wir es!

Zugegeben, die Formulierung "unendlich klein machen" ist hier auch nicht mehr ganz neu, trifft aber immer wieder den Nagel auf dem Kopf. Die mathematische Form davon, also - mal wieder - der schwierigste Teil, kommt jetzt.

Dazu machen wir uns eine kleine Skizze, wo wir diesen ganzen Kram mal unterbringen, also diese Dinge, die wir für die weiteren Berechnungen dringend benötigen.

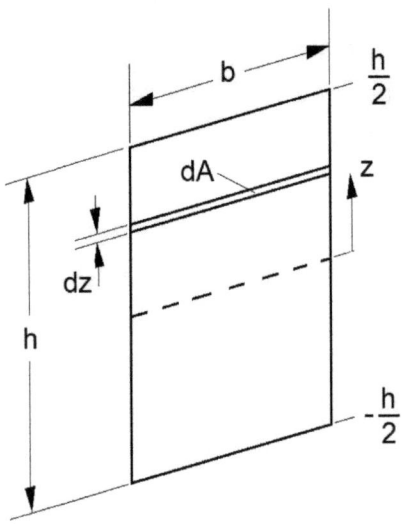

Im Einzelnen sind dies h für die Höhe und b für die Breite des Trägerquerschnittes, das z für den jeweiligen Abstand der Flächenstückchen von der gestrichelten Linie und dA als ein Beispiel für eines dieser winzig kleinen Flächenstücke. Dass wir mit diesem Flächenstückchen über die gesamte Breite gehen, ist nur eine Vereinfachung, denn bei gleichem z-Wert ist die Belastung der Fläche über die gesamte Breite gleich.

Die Flächenbelastung σ ist hier nicht wie üblich

$$\sigma = \frac{F}{A}$$

sondern

$$\sigma(z) = \frac{dF \cdot z}{dA \cdot z}$$

Wie bitte? Ja, das ist die richtige Formel, die wir uns jetzt mal ganz genau ansehen, um sie zu verstehen. Und bevor wir nun voreilig das z raus kürzen, sollten wir innehalten und wissen, dass wir zwar die unendlich kleine Kraft dF nicht kennen, aber das Biegemoment, dass auf den Träger wirkt, nämlich dieses

$$M = F \cdot l$$

Und dieses Biegemoment wirkt ja und bleibt auch als Biegemoment unverändert erhalten, jedoch müssen wir das auf die Belastungsfläche übertragen. Dann lautet die Gleichung für das Biegemoment:

$$M = F_B \cdot z$$

Wobei die Kraft F_B hier eine waagerechte Kraft sein soll, die senkrecht auf das belastete Flächenstückchen dA wirkt. Der dazugehörige und auch unendlich kleine Anteil des Biegemomentes ist dieses dM, so dass unsere Belastungs-Gleichung so aussieht:

$$\sigma(z) = \frac{dM}{dA \cdot z}$$

und umgestellt nach dM

$$dM = \sigma(z) \cdot dA \cdot z$$

Für dA können wir schreiben $dz \cdot b$ und für dieses $\sigma(z)$ müssen wir uns auch noch etwas einfallen lassen. Da die Flächenbelastung linear verläuft, können wir über eine Verhältnisgleichung einen brauchbaren Zusammenhang herstellen.

Dazu noch eine einfache Skizze, die dieses Verhältnis mal darstellen soll:

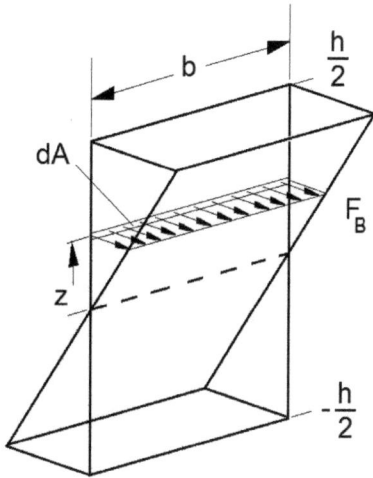

Und dieses Verhältnis können wir wie folgt beschreiben: Die Flächenbelastung $\sigma(z)$ verhält sich zum Abstand z zur gestrichelten Linie wie die maximale Flächenbelastung σ_{max} zum größten Abstand zur gestrichelten Linie, und das ist dieses $h/2$. Das sieht mathematisch natürlich viel klarer aus:

$$\frac{\sigma(z)}{z} = \frac{\sigma_{max}}{h/2}$$

Dieses Verhältnis stellen wir erst mal nach $\sigma(z)$ um:

$$\sigma(z) = \frac{\sigma_{max}}{h/2} \cdot z$$

Und jetzt können wir $\sigma(z)$ ersetzen durch

$$\sigma(z) = \frac{dM}{dA \cdot z}$$

so dass

$$\frac{dM}{dA \cdot z} = \frac{\sigma_{max}}{h/2} \cdot z$$

und für dieses dA wollten wir ja schreiben $dz \cdot b,$ dann sieht unsere Gleichung so aus:

$$\frac{dM}{dz \cdot b \cdot z} = \frac{\sigma_{max}}{h/2} \cdot z$$

jetzt bringen wir dieses $dz \cdot b \cdot z$ rüber auf die andere Seite

$$dM = dz \cdot b \cdot z^2 \cdot \frac{\sigma_{max}}{h/2}$$

und ordnen das noch ein wenig

$$dM = \frac{\sigma_{max}}{h/2} \cdot b \cdot z^2 \cdot dz$$

Und jetzt kommt wieder dieser mathematische Schachzug, der sich Integrieren nennt. Im Prinzip eine Methode, alle winzig kleinen - pardon - alle unendlich kleinen Flächenstückchen zu addieren (das ist doch immer das Gleiche ...):

$$\int dM = \frac{\sigma_{max}}{h/2} \cdot \int b \cdot z^2 \cdot dz$$

Links ist klar, wenn wir unendlich viele unendlich kleine Biegemomente addieren, haben wir das gesamte Biegemoment:

$$M = \frac{\sigma_{max}}{h/2} \cdot \int b \cdot z^2 \cdot dz$$

Und wenn wir mal losgelöst das Integral auf der rechten Seite der Gleichung betrachten:

$$\int b \cdot z^2 \cdot dz$$

dann müssen wir da unbedingt noch die Grenzen mit angeben, also von Oberkante Träger, das ist dieses $h/2$ bis Unterkante Träger, das ist $-h/2$.

$$\int_{-h/2}^{h/2} b \cdot z^2 \cdot dz$$

OK, jetzt müssen wir nur noch integrieren. In diesem Falle ist die Funktion relativ überschaubar, nämlich $z^2 \cdot dz$. Das b bleibt ja so wie es ist.

Die allgemeine Integrationsregel für solche Funktionen lautet

$$\int x^n \cdot dx = \frac{x^{n+1}}{n+1} + C$$

Das große C soll uns erst mal nicht stören, das muss da stehen, denn wenn man die obere und untere Grenze nicht kennt, dann könnte die Fläche unter der Kurve ja wer weiß wie groß sein, weil wir gar nicht wissen, wo die Fläche anfängt und wo sie aufhört. Das ist hier anders, weil wir ja genau diese Grenzen haben, nämlich das h/2 und das -h/2.

Also, wenn wir jetzt integrieren, dann sieht unsere Funktion danach so aus:

$$\int_{-h/2}^{h/2} b \cdot z^2 \cdot dz = b \cdot \frac{z^3}{3} \Bigg|_{-h/2}^{h/2}$$

Die Grenzen werden nach dem Integrieren üblicherweise an eine senkrechte Linie geschrieben. Jetzt setzen wir die Grenzen ein, also für z dieses h/2 und davon ziehen wir ab den Term, wo wir für z -h/2 schreiben:

$$\frac{b}{3} \cdot \left[\left(\frac{h}{2} \right)^3 - \left(-\frac{h}{2} \right)^3 \right]$$

die kleinen Klammern ausgerechnet und dran denken, minus mal minus ergibt plus:

$$\frac{b}{3} \cdot \left[\frac{h^3}{8} + \frac{h^3}{8} \right]$$

dann die große Klammer aufgelöst und die Brüche addiert

$$\frac{b \cdot h^3}{24} + \frac{b \cdot h^3}{24}$$

macht zusammen

$$\frac{b \cdot h^3}{12}$$

Den Teil haben wir fertig. Um mathematisch wieder korrekt zu werden, müssen wir natürlich das, was wir oben so einfach mal eben weggelassen haben, schnell wieder hinschreiben, damit die Gleichung wieder komplett ist:

$$M = \frac{\sigma_{max}}{h/2} \cdot \frac{b \cdot h^3}{12}$$

Das h kürzt sich einmal raus und 12 geteilt durch 2 ist immer
noch 6:

$$M = \frac{\sigma_{max} \cdot b \cdot h^2}{6}$$

Und wie wir sehen können, liegen wir richtig! Die klassische
Gleichung für die maximale Biegebeanspruchung eines Rechteck-
querschnittes, die in jedem besseren Handbuch für Metallbau zu
finden ist, lautet für das Widerstandsmoment W

$$W = \frac{b \cdot h^2}{6}$$

Und die maximale Biegespannung σ_{max}

$$\sigma_{max} = \frac{M}{W}$$

Jetzt, wo wir endlich mal eine brauchbare Formel ausgearbeitet haben, kommt natürlich auch mal ein Beispiel dran, diesmal tatsächlich so ein Kranbalken, wie eingangs zitiert. Dazu brauchen wir die Festigkeitskennwerte für Eichenholz, Länge, Breite, usw. und das an diesem Balken anzuhängende Gewicht. Das schreiben wir mal direkt in unserer Skizze rein:

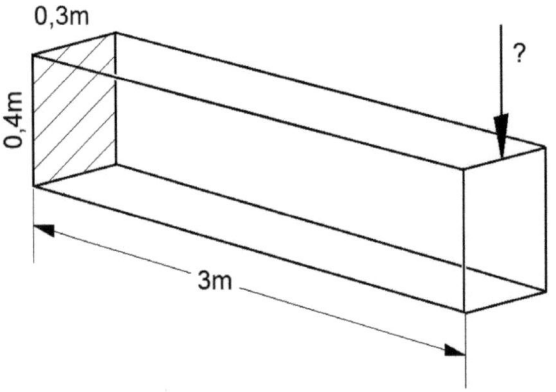

Für die Zugfestigkeit von Eichenholz finden wir Werte so um die 100 N/mm² und für die Druckfestigkeit 60 N/mm². Da bei der Biegung eines Balkens sowohl Zug- als auch Druckspannungen auftauchen, nehmen wir natürlich den niedrigeren Wert, also die Druckspannung für unsere weiteren Berechnungen. Das, wo wir jetzt noch aufpassen müssen, sind die Einheiten m und mm, da müssen wir uns auf etwas festlegen. In diesem Fall sind mm vielleicht die bessere Wahl.

Die Formel für das maximale Biegemoment ist schnell um gestellt:

$$M = \frac{\sigma_{max} \cdot b \cdot h^2}{6}$$

Und da ja immer noch gilt

$$M = F \cdot l$$

sieht das ganze so aus:

$$F \cdot l = \frac{\sigma_{max} \cdot b \cdot h^2}{6}$$

Die Länge l rüber und unter dem Bruchstrich

$$F = \frac{\sigma_{max} \cdot b \cdot h^2}{6 \cdot l}$$

Jetzt können wir unsere Werte da einsetzen:

$$F = \frac{60\,N \cdot 300\,mm \cdot 400^2 \cdot mm^2}{mm^2 \cdot 6 \cdot 3000\,mm}$$

Die mm² kürzen sich raus und nach eintippen in den Taschenrechner kriegen wir dieses Ergebnis

160.000 N

Das entspricht hier auf der Erde 16 Tonnen! Eichenholz scheint ja wirklich verdammt stabil zu sein. Ein "Dachbalken" von 40 cm Höhe und 30 cm Breite wäre schon ein gewaltiger Träger.

Was haben wir gelernt in dieser Lektion? Auch hier haben wir, wenn auch über komplizierte mathematische Umwege inklusive Integralbildung, unseren Weg gefunden und ein interessantes Ergebnis ermittelt.

Aber wir sind doch noch gar nicht am Ende. Die Überschrift der Lektion lautet "Warum sieht der Doppelt-T-Träger so komisch aus". Diese Frage müssen wir noch klären. Das ist aber gar nicht so schwer, denn dazu müssen wir uns nur unsere selbst aufgestellte Formel noch einmal genauer ansehen.

$$F = \frac{\sigma_{max} \cdot b \cdot h^2}{6 \cdot l}$$

Wenn wir davon ausgehen, dass wir einen bestimmten Fall vor uns haben, bei dem die Länge des Balkens, die Last die wir dranhängen wollen und der Werkstoff des Balkens geklärt sind, dann bleiben in der Gleichung nur zwei variable Größen über, nämlich die Breite b und die Höhe h des Balkens. Was fällt auf?

Die Breite b ist in der Gleichung *linear* drin während die Höhe h *im Quadrat* drin ist. D.h., würden wir den Balken doppelt so breit machen, könnte er auch die doppelte Last tragen. Das wäre ja so, als würden wir einen zweiten Balken daneben stellen. Jedoch, würden wir den Balken doppelt so hoch machen, könnte dieser die vierfache Last tragen!

Und was können wir anstellen, wenn wir in der Höhe begrenzt sind, beispielsweise wenn wir einen zusätzlichen Deckenträger unter die Verschalung montieren wollen? Nun, die belasteten Flächenelemente dA sind ja die Flächen, die die Last aufnehmen, jedoch in unterschiedlicher Stärke. Wie im richtigen Leben gibt es auch hier Flächenelemente, die bis an das Ende ihrer Streckgrenze belastet werden, also die, die ganz oben und ganz unten am Balken sitzen und andere Flächenelemente, die nur minimal bis gar nicht belastet werden. Das sind die, die ganz gemütlich irgendwo mittig in der Nähe dieser gestrichelten Linie sitzen. Also diese Mitläufer, die nicht wirklich zur Stabilität des Balkens beitragen.

Wenn also die bequemen Plätze mehr in der Mitte sind und die belasteten Plätze die am Rande, wäre es für den Balken, der möglichst viel Tragen soll und in der Höhe begrenzt ist, ratsam, all seine Flächenelemente mehr zum Rande hin, also hier nach oben und nach unten hin zu bewegen. Genau das macht auch der Doppelt-T-Träger. Der hat bis auf den dünnen Steg in der Mitte all seine Flächenelemente zum Rand hin verlagert. Und genau deswegen sieht der so komisch aus!

Wer die erhabene Weisheit der Mathematik tadelt, nährt sich von Verwirrung.
Leonardo da Vinci

Die zehnte Lektion
Regel nachts die Heizung runter

Neulich, bei einer dieser fröhlichen Familienfeier, kam (endlich mal...) eine strittige Diskussion zustande, ob es denn nicht besser wäre, nachts die Heizung einfach durchlaufen zu lassen. Dann müsste die Heizung morgens nicht mühselig und energiezehrend das ganze Haus mit all den abgekühlten Wänden und Decken wieder aufheizen. Ja genau, so machen wir das auch immer, keiften eifrige Tanten dazwischen. Weitere Laien am Tisch, üblicherweise vermehrt aus dem schöngeistigen Milieu, hielten sich auch eher an Autoritäten als an Methoden, mit denen man die Sache hätte eindeutig feststellen können. Die sachliche Auseinandersetzung mit dem Thema drohte im Keime zu ersticken.

Ein scheinbar weit verbreitetes Phänomen. Das geht sogar bis hin zu Glaubens- und Homöopathiefragen. Sind die sachlichen Argumente am Ende, ficht es sich mit Emotionen um so besser. Aber so scheint der menschliche Geist konstruiert zu sein. Bloß nicht in Frage stellen, was der Häuptling gesagt hat.

Das große Aber kommt natürlich jetzt. Und zwar in Form von gnadenloser Mathematik. Aber damit diese in der großen Runde auch wirkt, müssen wir sie zugänglich gestalten. Wieder müssen wir versuchen, die passenden Formeln zu finden. In dieser

Lektion müssen wir auch noch gewisse physikalische Zusammenhänge, diesmal aus der Thermodynamik (welch schönes Wort), verstehbar gestalten. Dazu eine allererste Skizze, ein einfaches Haus, so wie es in Büchern über Mathematik aussehen muss:

Aber das ist eigentlich ziemlich egal, denn unser nächster Schritt wird sowieso wieder die Vereinfachung sein. Eine auf das Wesentliche reduzierte Haus-Skizze. Aber was ist hier das Wesentliche? Brauchen wir noch Fenster und Türen? Muss der Schornstein weg? Ja, kann alles weg. Es reicht, wenn wir aus dem Haus einen einfachen Kasten machen mit flachem Deckel. Wir brauchen nur eine Abgrenzung zwischen innen und außen.

Wenn wir wissen wollen, ob es Sinn macht, nachts die Heizung runterzuregeln oder durchlaufen zu lassen, dann reden wir hier über ein Sachverhalt, der mit Wärmeleistungen, Wärmekapazitäten und Temperaturen zu tun hat. Und genau diese Sachverhalte müssen wir dann irgendwie in diesem Kasten unterbringen, damit wir daraus wieder unsere Mathematik aufstellen können.

Hier also zunächst unser Haus-Kasten, diesmal als Schnittmodell gezeichnet und mit einigen Buchstaben versehen:

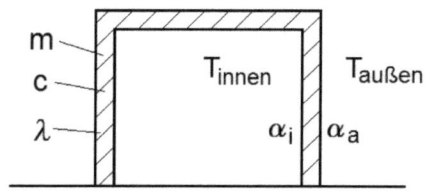

Zugegeben, wie ein richtiges Haus sieht das hier nicht mehr aus, aber dafür schafft es Klarheit. Die Buchstaben haben folgende Bedeutung: Das m steht für die Masse des Hauses, also für alles das, was aufgewärmt werden muss. Wände, Decken, Böden, Schrankwand, usw. Jaaa, auch die Luft im Haus gehört dazu.

Das c steht für die Wärmekapazität des Hauses. Wenn wir es genau nehmen wollten, müssten wir hier für jedes Materialstück des Hauses die jeweilige Masse kennen und die dazugehörige Wärmekapazität. Und das dann alles addieren. Zwar Peanuts, aber auch die Werte von der Luft müssten wir dazu packen. Das ist natürlich Quatsch. Genau so wie wir für das ganze Haus ein Gesamtgewicht abschätzen, machen wir das auch für die Wärmekapazität.

Das T_{innen} und das $T_{außen}$ stehen für die Innen- und die Außentemperatur, das λ steht für die Wärmeleitfähigkeit der Außenwände, also die Wände, wo die Wärme von innen nach außen durchkriecht. Beispielsweise haben Metalle, insbesondere Silber, recht hohe λ-Werte während Isolierwolle sehr niedrige λ-Werte hat.

Diese α-Werte sind ein Maß dafür, wie viel Wärme pro Fläche von der Luft auf die Wände bzw. von den Wänden auf die Luft übergeht. Je höher der Wind draußen um das Haus weht, desto höher ist auch der äußere α-Wert, also dieses α_a. Das merkt man zum Beispiel im Winter, wenn einem beim Spaziergang auf dem Deich so ein eiskalter Wind um die Nase weht, dann wird einem auch schneller kalt. Der innere α-Wert dürfte sich nur dann merklich ändern, wenn jemand den Zimmerventilator auf Stufe 5 stellt.

Jedenfalls sind diese ganzen α- und λ-Werte im Faktor k zusammengefasst. Wir machen hier nichts falsch, wenn wir diesen Faktor als konstant annehmen.

Nun gibt es in der Thermodynamik zwei ganz wichtige Zusammenhänge für die Berechnung einer Wärmeleistung $\dot{Q}$, nämlich erstens:

$$\dot{Q} = \dot{m} \cdot c \cdot (T_{anfang} - T_{ende})$$

mit $\dot{m}$ für eine Masse in einer gewissen Zeit, c für die Wärmekapazität und T für die jeweiligen Temperaturen. Wenn unser gesamtes Haus in einer bestimmten Zeit abkühlt von beispielsweise $T_{anfang} = 20°C$ auf $T_{ende} = 10°C$, dann folgt daraus eine gewisse Wärmeleistung $\dot{Q}$, die unser Haus liefern würde. Und zweitens:

$$\dot{Q} = A \cdot k \cdot (T_{innen} - T_{außen})$$

mit A für die Hausaußenfläche, k für diesen Wärmedurchgangs-koeffizienten und T für die jeweiligen Temperaturen. Auch damit errechnet sich eine Wärmeleistung $\dot{Q}$.

Und da wir hier lediglich zwei Sachverhalte miteinander vergleichen wollen, können uns die tatsächlichen Werte von m, A, c und k mitsamt ihren Einheiten so ziemlich wurscht sein, denn die ändern sich ja nicht. Na gut, fast nicht.

So, und jetzt ist der gesunde Menschenverstand gefordert. Was müssen wir? Wir müssen beide Szenarien in eine verstehbare Formelsprache bringen. Das eine Szenario wäre abends die Heizung runterzuregeln und am nächsten Morgen rechtzeitig wieder hochzuregeln. Das andere Szenario ist die Heizung durchlaufen zu lassen, was ja angeblich so viel günstiger sein soll...

Dazu unser Erklärungsmittel Nr. 1, das Diagramm. Auf der senkrechten Achse die Heizleistung und auf der waagerechten Achse - wie so oft - die Zeit. Zunächst einmal ohne Inhalt:

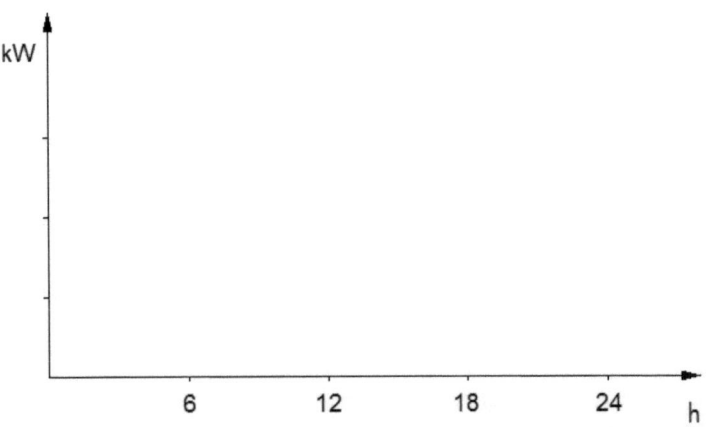

Das spannende sind natürlich die Kurven da drin, die einen Verlauf darstellen sollen, den wir noch nicht haben. In unserem Falle wollen wir über mathematische Wege oder mit dem gesunden Menschenverstand diese Kurven ermitteln und dann in das Diagramm eintragen.

Die erste Heizleistungs-Kurve ist ja der angebliche Favorit, also die Kurve, die die Heizleistung darstellt, wenn die Heizung nachts einfach durchläuft. Die ist recht simpel, da reicht eigentlich ein gerader Strich, das geht auch ohne Mathematik. Die Erbsenzähler dürften jetzt sicherlich mit ihren erhobenen Zeigefinger aufschreien und verkünden, nachts sei es kälter als am Tage. Ja, das stimmt.

Aber nochmal, da wir gar nicht wissen wollen, wie hoch die eigentliche Heizleistung ist, sondern lediglich zwei Heiz-leistungskurven miteinander vergleichen wollen, spielt selbst das keine Rolle. Es ist egal ob Tiny House oder Stadtvilla, eisiger Nachtfrost oder strömender Regen. Es geht um den Vergleich, ob es günstiger ist, die Heizung nachts durchlaufen zu lassen oder etwas runterzuregeln. Unwichtig ist auch die Tatsache, dass - sofern es sich um eine Gas- oder eine Ölheizung handelt - die Brenner nicht dauernd an sind sondern immer in Intervallen betrieben werden und auch nicht schön kontinuierlich rauf- und runtergeregelt werden können.

Wie auch immer, unsere Kurve für das Dauerheizen, gemittelt und bei auch nachts unveränderter niedriger Außentemperatur und Windstille ist ein einfacher, waagerechter Strich:

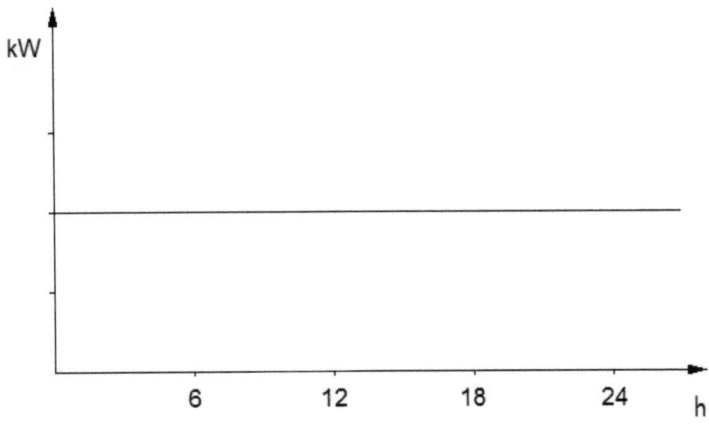

Und wie sieht die andere Kurve aus? Also die Kurve, die darstellt, wie sich die Heizleistung verhält, wenn die Heizung nachts runtergefahren wird? Etwas komplizierter natürlich. Da wäre ja zum einen die Abkühlphase abends, nach dem die Heizung runtergeregelt wurde und zum anderen früh morgens, die Aufheizphase, nach dem die Heizung wieder hochgeregelt wurde. In dieser Aufheizphase soll die Heizung ja angeblich viel mehr leisten, als beim normalen "Warmhalten", denn dann muss die Heizung ja mühselig das gesamte Haus inkl. Schrankwand usw. wieder aufheizen.

Fangen wir mit dem Abkühlen an. Je heißer eine Sache ist, desto schneller kühlt sie ab und je näher dran die Sache an der Umgebungstemperatur ist, desto langsamer kühlt sie ab. Und irgendwann - wenn wir es ganz genau nehmen erst nach unendlich langer Zeit - hat diese Sache die Umgebungstemperatur erreicht.

Um das mathematisch darstellen zu können, müssen wir vorher einige Dinge klären. Wir setzen mal zwei Sachen voraus: Erstens, die Temperatur im Inneren des Hauses liegt anfangs bei 20°C, und zweitens, die Außentemperatur liegt ständig bei 1°C. Wenn nun die Heizung ganz normal läuft, dann wird exakt so viel Wärmeleistung von der Heizung erzeugt, wie durch die Wände des Hauses nach außen entweicht (der waagerechte Strich weiter oben).

Die beiden thermodynamischen Formulierungen, die wir weiter oben mal eben auf die Schnelle festgehalten haben, müssen wir noch ein klein wenig anpassen. Aus der Wärmeleistung für das Aufheizen des Hauses

$$\dot{Q} = \dot{m} \cdot c \cdot (T_{anfang} - T_{ende})$$

machen wir die Energiemenge pro Zeit, was das Gleiche ist, also wir teilen durch die Zeit $\Delta\tau$, dann fällt der Punkt über das m weg.

Im Grunde genommen haben wir inhaltlich nichts verändert:

$$\dot{Q} = m \cdot c \cdot (T_{anfang} - T_{ende}) / \Delta\tau$$

In der Formel für die Wärmeleistung, die durch die Hauswände verloren geht, steckt die Zeit im Faktor k schon drin. Da brauchen wir nichts zu verändern.

Jetzt folgt eine von diesen Aha-Erlebnis-ähnlichen Ideen, nämlich diese beiden Leistungen, die, - Achtung! - im Moment des Runterregelns der Heizung, identisch sind, gleich zu setzen. Wie kommen wir auf so eine kühne Behauptung?

Nun, das Haus befindet sich thermisch gesehen im Gleichgewicht. D.h. solange die Innen- und die Außentemperatur unverändert bleiben (diese 20°C innen und 1°C außen), fließt immer die gleiche Wärmeleistung durch die Wände nach draußen. Wird die Heizung runtergeregelt, fängt das Haus an, bis zu der neu eingestellten Solltemperatur, z.B. 10°C, abzukühlen. Und zwar deshalb, weil keine Wärmeleistung mehr nachgeführt wird. Und diese Abwärmeleistung entspricht im Moment des Ausschaltens (und nur dann) genau dieser "Abkühlleistung". In der mathematischen Eleganz sieht das so aus:

$$A \cdot k \cdot (T_{innen} - T_{außen}) = m \cdot c \cdot (T_{anfang} - T_{ende}) / \Delta\tau$$

Und für $(T_{anfang} - T_{ende})$ schreiben wir ΔT, so dass:

$$A \cdot k \cdot (T_{innen} - T_{außen}) = m \cdot c \cdot \Delta T / \Delta \tau$$

und nach dem wir die Zeit $\Delta \tau$ nach links rübergestellt haben, sieht die Gleichung so aus:

$$A \cdot k \cdot (T_{innen} - T_{außen}) \cdot \Delta \tau = m \cdot c \cdot \Delta T$$

Aber da fehlt noch was ...

Je weiter das Haus nach dem runterregeln der Heizung abkühlt, desto langsamer kühlt es ab. Am Anfang geht das ziemlich schnell mit dem kälter werden, dann aber, wenn es im Haus schon richtig kalt geworden ist, wird es nur noch sehr langsam kälter. Die Abkühlgeschwindigkeit ist also von der Temperatur selbst abhängig. Oder anders ausgedrückt, im ΔT steckt auch irgendwie noch die Haustemperatur drin. Zu dumm, dass sich da wieder einmal so komische Abhängigkeiten in der Gleichung eingenistet haben. Wie kriegen wir die weg?

Diese Abhängigkeiten kriegen wir nur dann weg, wenn wir unsere Abkühlungskurve - wie imme - in unendlich viele unendlich kleine Abschnitte aufteilen und diese dann aufaddieren. So als würden wir die Stufen einer Treppe so weit verkleinern, bis nur noch eine Linie übrig bleibt. Diese unendlich kleinen Abschnitte sind so klein (eben unendlich klein), dass die Innentemperatur unseres Hauses sich in diesem unendlich kleinen Zeitraum nicht verändert. Das ist der Trick dabei. Ist aber hier auch nichts neues mehr.

Und damit wären wir wieder inmitten unserer Differential-rechnung. Denn dieses Aufaddieren dieser unendlich vielen und unendlich kleinen Abschnitte geschieht über das Integrieren. Und genau das machen wir jetzt mit unserer Gleichung

$$A \cdot k \cdot (T_{innen} - T_{außen}) \cdot \Delta\tau = m \cdot c \cdot \Delta T$$

Da ja das Integrieren selbst auch ein mathematischer Vorgang ist, müssen wir ihn auch auf beiden Seiten durchführen. Nur dann bleibt die Gleichung eine Gleichung. D.h. nur wenn wir die linke Seite und die rechte Seite jeweils für sich integrierbar machen, kommen wir einen Schritt weiter. Die Gleichung sollte am Ende so aussehen:

$$\Delta T / (T_{innen} - T_{außen}) = A \cdot k / (m \cdot c) \cdot \Delta\tau$$

An der Gleichung müssen wir noch ein wenig herumbasteln. Wir werden auf der rechten Seite ein Minuszeichen reinsetzen, weil das Haus ja abkühlt. Und wir werden die Aussentemperatur einfach dem absoluten Nullpunkt, also 0 K, gleichsetzen. Damit wären wir die schon mal auf eleganter Art und Weise los. Die fällt einfach raus aus der Gleichung, wir können sie nachher wieder reinsetzen. Folgendes haben wir jetzt:

$$\Delta T \,/\, T = - A \cdot k \,/(m \cdot c) \cdot \Delta\tau$$

Jetzt machen wir die Temperaturdifferenz ΔT unendlich klein und die Zeit $\Delta\tau$ unendlich kurz. Üblich ist in der Mathematik dann das Δ durch ein d zu ersetzen. Die Gleichung sieht jetzt so aus:

$$dT \,/\, T = -A \cdot k \,/(m \cdot c) \cdot d\tau$$

Und jetzt können wir auf beiden Seiten integrieren, indem wir dieses Integralzeichen $\int$ davor setzen:

$$\int dT \,/\, T = \int -A \cdot k \,/(m \cdot c) \cdot d\tau$$

Und damit wir nach dem Integrieren nicht wieder so ein lästiges C in der Gleichung reinbekommen, schreiben wir im Vorfeld schon mal die Anfangs- und Endgrößen an das Integralzeichen ran, um auch dessen Bereich von vorn herein klar zu definieren.

Diese oberen und unteren Grenzwerte werden nach dem Integrieren einfach in die neu entstandene Funktion eingesetzt.

Welches sind die Grenzwerte für die Temperatur?

$$\int_{T_{anfang}}^{T_{innen}} dT \, / \, T = \int_{0}^{\tau} -A \cdot k \, /(m \cdot c) \cdot d\tau$$

Und da uns auch hier die Grundintegrale, die wir in jedem besseren Mathematikbuch nachschlagen können, weiterhelfen, können wir folgenden famosen Schritt vollziehen. Aus $\int dT/T$ was soviel wie $\int dx/x$ ist, wird einfach ln x, der natürliche Logarithmus von x. Was sich dahinter verbirgt, kommt weiter unten. Zunächst schreiben wir das mathematisch wie folgt:

$$\int dT \, / \, T = \ln T$$

und aus

$$\int -A \cdot k \, /(m \cdot c) \cdot d\tau \text{ wird nach ein wenig Umstellerei}$$

$$-A \cdot k \, /(m \cdot c) \cdot \int d\tau$$

Denn, sind in einem Integral irgendwelche konstanten Faktoren drin, die zunächst einmal unveränderlich sind, so können wir sie auch aus dem Integral herausholen und nach vorne stellen.

Und da nun

$$a \cdot \int dx = a \cdot x$$

ist, ist auch

$$-A \cdot k /(m \cdot c) \cdot \int d\tau = -A \cdot k /(m \cdot c) \cdot \tau$$

d.h. jetzt können wir aus

$$\int_{T_{anfang}}^{T_{innen}} dT / T = \int_{0}^{\tau} -A \cdot k /(m \cdot c) \cdot d\tau$$

folgendes machen

$$\ln T \Big|_{T_{anfang}}^{T_{innen}} = -A \cdot k /(m \cdot c) \Big|_{0}^{\tau}$$

Die fertige Gleichung sieht dann nach dem Integrieren inkl. der eingesetzten Bereiche so aus:

$$\ln T_{innen} - \ln T_{anfang} = -A \cdot k /(m \cdot c) \cdot \tau - (-A \cdot k /(m \cdot c) \cdot 0)$$

Und da

$$-(-A \cdot k / (m \cdot c) \cdot 0) = 0$$

ist, fällt aus der Gleichung ordentlich was raus. Übrig bleibt:

$$\ln T_{innen} - \ln T_{anfang} = -A \cdot k / (m \cdot c) \cdot \tau$$

Gleich sind wir soweit. Wir können zumindest schon mal feststellen, dass diese Gleichung, so wie sie jetzt nach dem Integrieren aussieht, prinzipiell schon mal ganz brauchbar ist. Auch wenn sie nicht gerade wie eine ganz einfach zu lösende Gleichung aussieht. Die Gleichung muss natürlich noch einmal umgestellt werden, damit die Haustemperatur T_{innen} auf der linken Seite alleine steht. Das machen wir jetzt.

Wenn

$$\ln a - \ln b = \ln (a / b)$$

dann ist auch

$$\ln T_{innen} - \ln T_{anfang} = \ln (T_{innen} / T_{anfang})$$

und damit

$$\ln (T_{innen} / T_{anfang}) = -A \cdot k / (m \cdot c) \cdot \tau$$

und wenn a = b dann ist auch $e^a = e^b$ und damit

$$e^{\ln (T_{innen} / T_{anfang})} = e^{-A \cdot k / (m \cdot c) \cdot \tau}$$

Nicht dass jetzt der Eindruck entsteht, diese Lektion soll auf Biegen und Brechen schwierig gemacht werden. Gewisse Dinge in der Mathematik sind einfach so. Der Buchstabe e steht für die Eulersche Zahl, die lautet 2,718281828... und e^3 wäre ganz einfach e · e · e. Anders ausgedrückt wäre zum Beispiel der natürliche Logarithmus der Zahl 8 der Wert, der angibt, wie oft e mit sich selbst mal genommen werden muss, damit die Zahl 8 herauskommt. Mathematisch knapp:

wenn $e^a = 8$ dann ist a = ln 8

Das erklärt hoffentlich auch, warum $e^{\ln 25} = 25$, denn damit können wir zum Ausdruck bringen:

$$T_{innen} / T_{anfang} = e^{-A \cdot k / (m \cdot c) \cdot \tau}$$

bzw.

$$T_{innen} = T_{anfang} \cdot e^{-A \cdot k /(m \cdot c) \cdot \tau}$$

Aber, wir sind immer noch nicht ganz fertig. Wir müssen hier fairerweise noch die Vereinfachung, die wir anfangs an der Ausgangsgleichung vorgenommen hatten, wieder rückgängig machen. Die Umgebungstemperatur ist nämlich nicht 0 K, solche Zustände hätten wir noch nicht einmal auf dem Pluto. Gemessen in Kelvin liegt die Umgebungstemperatur hier bei 274K, das entspricht ca. 1 °C.

Wir haben es ja mit einer Abkühlung von der Anfangshaus-innentemperatur von 293 K, also 20 °C auf die Umgebungs-temperatur von unseren 1°C (nach unendlich langer Zeit) zu tun. Also müssten wir bei τ = 0 eine Hausinnentemperatur T_{innen} von 293 K erhalten und wenn wir ganz ganz lange warten, also wenn wir τ riesengroß machen, dann wäre unser Haus endlich bei 274 K, also 1°C, angekommen. Wir basteln an unserer Gleichung also noch so lange herum, bis wir diese beiden Bedingungen erfüllen. Dass das bloß nicht zur Gewohnheit wird.

Wenn $\tau = 0$ dann wird der Exponent $A \cdot k / (m \cdot c) \cdot \tau$ auch zu Null, so dass dieser Faktor mit der Eulerschen Zahl e zu Eins wird. Was auch immer hoch 0 ist immer 1:

$$e^0 = 1$$

Und dann muss auch die Gleichung für die Hausinnentemperatur $T_{innen} = 20°C$ ergeben. Denn das ist ja am Anfang, nach 0 Sekunden.

Und wenn $\tau \to \infty$, also wenn wir ewig lange warten, wird der Exponent $A \cdot k / (m \cdot c) \cdot \tau$ auch ∞, und der Faktor inkl. Eulerschen Zahl e wird zu 0.

$$e^{-\infty} = 1/e^\infty$$

$$1/e^\infty = 0$$

Und damit müsste die Hausinnentemperatur

$$T_{innen} = T_{außen} \text{ ergeben.}$$

Das ist der Fall, wenn wird folgende Modifizierung vornehmen:

$$T_{innen} = T_{außen} + (T_{anfang} - T_{außen}) \cdot e^{-A \cdot k / (m \cdot c) \cdot \tau}$$

Jetzt haben wir zumindest den Verlauf der Hausinnentemperatur nach dem Abschalten der Heizung.

Und wenn die Gleichung für den Wärmeverlust

$$\dot{Q} = A \cdot k \cdot (T_{innen} - T_{außen})$$

immer noch richtig ist, dann können wir behaupten, der Wärmeverlust nach draußen verhält sich analog zum Temperaturverlauf. Was wir jetzt noch machen müssten, wäre die erforderliche Heizleistung zum Wiederaufwärmen des ganzen Hauses zu ermitteln ...

Aber dazu brauchen wir gar keine komplizierten Formeln. Denn das müsste auch jedem Nichtmathematiker klar sein, die Energiemenge, die wir benötigen, um das Haus nach der nächtlichen Abkühlung wieder auf 20°C zu bringen, ist nämlich genau so groß wie die Energiemenge, die durch das Abkühlen des Hauses nach draußen geflossen ist.

Diesen ganzen Klumpatsch mit den e-Funktionen und den Integralen hätten wir uns sparen können! Aber nicht dieses Diagramm hier:

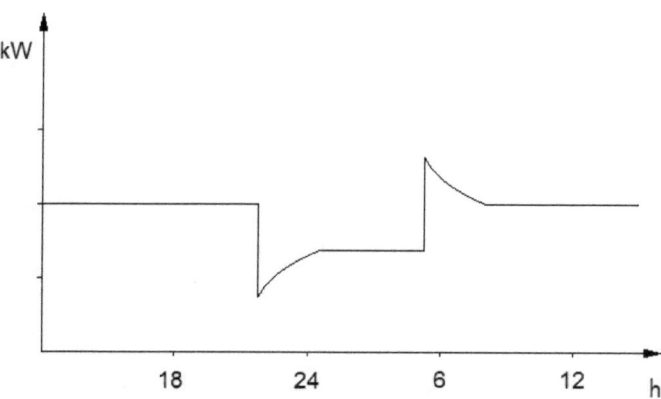

Das zeigt in etwa (ich hab das Gefühl, irgendwo lauern immer diese lästigen Erbsenzähler...) die Leistung der Heizungsanlage, wenn nachts runtergeregelt wird und früh morgens die Heizung wieder hochgeregelt wird. Dieser Zacken nach unten nach dem Runterregeln der Heizung ergibt sich einfach aus dem Nachheizen des Hauses selbst. Der Zacken nach oben am frühen Morgen ergibt sich aus dem Wiederhochregeln der Heizung. Wir dürfen nicht vergessen, diese Kurve stellen nicht etwa die Brennerleistung oder die Einschaltdauer des Brenners am Heizkessel dar sondern die theoretische Heizleistung einer Heizanlage in einem theoretischen Haus.

Und wenn die Fläche unter der Heizleistungskurve die verbrauchte Wärmemenge darstellt, dann zeigt die Kurve zunächst einmal, dass das, was wir kurz nach dem Runterregeln der Heizung so ab 22:00 Uhr an Wärme gewinnen, durch das frühmorgendliche Aufheizen des Hauses selbst wieder aufwenden müssen. Das hebt sich beinahe auf. Beinahe deshalb, weil, sobald das Haus weniger als 20°C Innentemperatur hat, der Wärmeverlust nach draußen auch geringer wird.

Aber, die tatsächliche Ersparnis, die wir beim nächtlichen runterregeln der Heizung erzielen, geschieht durch die reduzierte Heizleistung während der Nacht. In unserem Diagramm ist das dieses waagerechte Stück unserer Heizleistungskurve in der Zeit so zwischen 24 Uhr und 5 Uhr morgens. Dann, wenn die Heizung das Haus nur noch auf - sagen wir mal - 14°C halten soll. Na gut, also 17°C.

Ist dass jetzt endlich klar geworden?

Es ist keine Schande nichts zu wissen, wohl aber, nichts lernen zu wollen.
Platon

Nachwort

Ich höre jetzt schon die Bedenkenträger und Mathematik-experten herumlamentieren. Wie ich auf die Idee käme, über Mathematik so oberflächlich und unexakt zu schreiben. Da fehlen überall die Definitionen der Zahlenbereiche (was bitte...?), das Integrieren ist hier und da amateurhaftig und überhaupt, man solle mit Mathematik doch bitteschön nicht so lax umgehen. Schliesslich sei Mathematik eine ernsthafte, exakte Wissenschaft und keine lustige Sache, mit der man an irgendwelchen erfundenen Szenarien aus dem Alltag dran herum bastelt.

Na ja, sollen sie doch lamentieren. Meinetwegen.

Eines ist aber klar, immer noch ist Mathematik ein Schreck-gespenst. Immer noch etwas, wo fast jeder in Abwehrhaltung geht. Wo alle davon laufen. Nichts, womit man in Gesellschaft punkten kann. Aber genau das ist auch das Dilemma.

Wie kriegt man das weg?

Mit Sicherheit nicht mit Einschüchterung, Besserwisserei und drohenden Zeigefingern. Aber vielleicht dadurch, dass man Mathematik etwas zugänglicher gestaltet und versucht, Berührungsängste abzubauen.

Vielleicht macht es dann sogar Spaß, einen alltäglichen Sachverhalt mathematisch zu behandeln. Und ihn dadurch auch besser zu verstehen. Natürlich braucht man keine Kurvendiskussion für die Haushaltskasse und kein Mensch löst im Alltag Differentialgleichungen. Aber derjenige, der vielleicht doch mal Freude an der Mathematik entdeckt und dadurch dann mit etwas mehr als den vier Grundrechenarten umgehen kann, muss sich nicht mehr vor Quacksalber und rechthaberischen Neunmalklugen fürchten. Und wer seine eigenen Zinseszinsen nach beispielsweise 10 Jahren ausrechnen kann, der fürchtet sich auch nicht mehr vor kaltlächelnden Bankangestellten.

Es gibt keinen Königsweg zur Mathematik.
Euklid

Danksagung

Ohne die nachfolgenden klugen Geister wäre auch dieses Buch nie entstanden:

Johann Bernoulli
Tycho Brahe
Bonaventura Cavalieri
Rene Descartes
Albert Einstein
Leonhard Euler
Galileo Galilei
Carl Friedrich Gauß
Christian Huygens
Johannes Kepler
Gottfried Wilhelm Leibniz
Thales von Milet
Isaac Newton
Pythagoras von Samos
Archimedes von Syrakus
Johann Bernoulli
Jean Baptiste Joseph Fourier
Anderson Gray McKendrick
William Ogilvy Kermack

Literaturverzeichnis

Grundwissen des Ingenieurs
Höfling / Physik
Physik für Studenten der Naturwissenschaften / Stroppe
Handbuch Mathematik / Wolfgang Scholl, Rainer Drews
Bartsch / Mathematische Formeln
Gerthsen Kneser Vogel / Physik
Dubbel / Taschenbuch für den Maschinenbau